河（湖）长制系列培训教材

河（湖）长制考核

河海大学河长制研究与培训中心　组织编写

方国华　李肇桀　林泽昕　编著

U0238139

中国水利水电出版社
www.waterpub.com.cn
·北京·

内 容 提 要

本书简要回顾总结和探讨了河（湖）长制的历史起源、推广进程以及当前我国全面推行河（湖）长制的本质内涵和制度框架体系，分析和厘清河长制考核与河长制工作督察、河长巡查制度的关系，深入探讨了河长制考核主体和考核对象、考核内容和考核指标、考核组织和考核方式、考核结果运用等有关河长制考核的基本理论和方法，介绍和分析了部分省市已出台的河长制考核工作制度和办法，并对河长制考核工作提出了相关思考与建议，为河长和河长制工作相关单位开展考核工作提供参考和依据。本书可供各级河长、河长制工作相关单位和工作人员及河长制的研究人员学习和参考。

图书在版编目（CIP）数据

河（湖）长制考核 / 方国华，李肇桀，林泽昕编著；
河海大学河长制研究与培训中心组织编写. -- 北京：中
国水利水电出版社，2018.12
河（湖）长制系列培训教材
ISBN 978-7-5170-7118-1

Ⅰ．①河… Ⅱ．①方… ②李… ③林… ④河… Ⅲ.
①河道整治－责任制－中国－技术培训－教材 Ⅳ.
①TV882

中国版本图书馆CIP数据核字(2018)第257485号

书　　名	河（湖）长制系列培训教材 **河（湖）长制考核** HE（HU）ZHANGZHI KAOHE
作　　者	河海大学河长制研究与培训中心　组织编写 方国华　李肇桀　林泽昕　编著
出版发行	中国水利水电出版社 （北京市海淀区玉渊潭南路1号D座　100038） 网址：www.waterpub.com.cn E-mail：sales@waterpub.com.cn 电话：（010）68367658（营销中心）
经　　售	北京科水图书销售中心（零售） 电话：（010）88383994、63202643、68545874 全国各地新华书店和相关出版物销售网点
排　　版	中国水利水电出版社微机排版中心
印　　刷	北京瑞斯通印务发展有限公司
规　　格	184mm×260mm　16开本　7.75印张　184千字
版　　次	2018年12月第1版　2018年12月第1次印刷
印　　数	0001—3000册
定　　价	**39.00元**

序

江河湖泊是水资源的重要载体，是生态系统和国土空间的重要组成部分，是经济社会发展的重要支撑，具有不可替代的资源功能、生态功能和经济功能。2016 年 11 月，中共中央办公厅 国务院办公厅印发《关于全面推行河长制的意见》（厅字〔2016〕42 号）（以下简称《意见》）。2017 年 12 月，中共中央办公厅 国务院办公厅印发《关于在湖泊实施湖长制的指导意见》（厅字〔2017〕51 号）。全面推行河长制、湖长制是落实绿色发展理念、推进生态文明建设的内在要求，是解决我国复杂水问题、维护河湖健康生命的有效举措，是完善水治理体系、保障国家水安全的制度创新。

全面推行河长制一年来，地方各级党委政府作为河湖管理保护责任主体，各级水利部门作为河湖主管部门，深刻认识到全面推行河长制的重要性和紧迫性，切实增强使命意识、大局意识和责任意识，扎实做好全面推行河长制各项工作。水利部党组高度重视河长制工作，建立了十部委联席会议机制、河长制工作月调度机制和部领导牵头、司局包省、流域机构包片的督导检查机制。2017 年 5 月和 2018 年 1 月，两次在北京召开全面推行河长制工作部际联席会议全体会议。一年来，水利部会同联席会议各成员单位迅速行动、密切协作，第一时间动员部署，精心组织宣传解读，与环境保护部联合印发《贯彻落实〈关于全面推行河长制的意见〉实施方案》（水建管函〔2016〕449 号）（以下简称《方案》），全面开展督导检查，加大信息报送力度，建立部际协调机制。地方各级党委、政府和有关部门把全面推行河长制作为重大任务，主要负责同志亲自协调、推动落实。全国各地上下发力，水利、环保等部门联动。水利部成立了"全面推进河长制工作领导小组办公室"（以下简称"部河长办"），全国各地成立了省、市、县三级河长制办公室。

一年来，水利部会同有关部门多措并举、协同推进，地方党委政府担当尽责、狠抓落实，全面推行河长制工作总体进展顺利，取得了重要的阶段性成果。在方案制度出台方面，31 个省、自治区、直辖市和新疆生产建设兵团的省、市、县、乡四级工作方案全部印发实施，省、市、县配套制度全部出台。各级部门结合实际制定出台了水资源条例、河道管理条例等地方性法规，对河长巡河履职、考核问责等做出明确规定。在河长体系构建方面，全国已明确省、市、县、乡四级河长超过32万名，其中省级河长336人，55名省级党政主要负责同志担任总河长。各地还因地制宜设立村级河长68万名。在河湖监管保护方面，各地加快完善河湖采砂管理、水域岸线保护、水资源保护等规划，严格河湖保护和开发界线监管，强化河湖日常巡查检查和执法监管，加大对涉河湖违法、违规行为的打击力度。在开展专项行动方面，各地坚持问题导向，积极开展河湖专项整治行动，有的省份实施"生态河湖行动""清河行动"，河湖水质明显提升；有的省份开展消灭垃圾河专项治理，"黑、臭、脏"水体基本清除；有的省份实行退圩还湖，湖泊水面面积不断增加。在河湖面貌改善方面，通过实施河长制，很多河湖实现了从"没人管"到"有人管"、从"多头管"到"统一管"、从"管不住"到"管得好"的转变，推动解决了一大批河湖管理难题，全社会关爱河湖、珍惜河湖、保护河湖的局面基本形成，河畅、水清、岸绿、景美的美丽河湖景象逐步显现。全国23个省份已在2017年年底前全面建立河长制，8个省份和新疆生产建设兵团在2018年6月底前全面建立河长制，中央确定的2018年年底前全面建立河长制任务有望提前实现。

一年来，水利部河长办、河海大学举办多次河长制培训班；各省、地或县均按各自的需求举办河长制培训班；各相关机构联合举办了多场以河长制为主题的研讨会。上下各级积极组织宣传工作。2017年4月28日，河海大学成立"河长制研究与培训中心"。2017年6月27日修订发布的《中华人民共和国水污染防治法》第五条写道："省、市、县、乡建立河长制，分级分段组织领导本行政区域内江河、湖泊的水资源保护、水域岸线管理、水污染防治、水环境治理等工作"，河长制纳入到法制化轨道。

总体来看，全国各地河长制工作全面开展，部分地区已结合实际情况在体制机制、政策措施、考核评估及信息化建设等方面取得了创新经验，形成了"水陆共治，部门联治，全民群治"的氛围，各地形成了"政府主导，属地负责，行业监管，专业管护，社会共治"的格局。河长制工作取得了很大进展和成效，但在全面推行河长制工作过程中，也发现存在一些苗头性的问题。有的地方政府存在急躁情绪，想把河湖几十年来积淀下来的问题通过河长制一下子全部解决，不能科学对待河湖管理保护是项长期艰巨的任务，对河湖治理的科学性认识不足；有的地方河长才刚刚开始履职，一河一策方案还没有完全制定出来，有的地方河长刚刚明确，还没有去检查巡河，各地进展不是很平衡；有的地方对反映的河湖问题整改不及时，整改对策存在一定的局限性等。

　　为了响应河长制、湖长制《意见》的全面落实和推进，为河（湖）长制工作提供有力支撑和保障，在水利部河长办、相关省河长办的大力支持下，河海大学河长制研究与培训中心会同中国水利水电出版社在先期成功举办多期全国河长制培训班的基础上，通过与各位学员、各级河长及河长办工作人员的沟通交流，广泛收集整理了河（湖）长制资料与信息，汲取已成功实施全面推行河（湖）长制部分省、市的先进做法、好的制度、可操作的案例等，组织参与河（湖）长制研究与培训教学的授课专家编写了《河（湖）长制系列培训教材》，培训教材共计10本，分别为：《河长制政策及组织实施》《水资源保护与管理》《河湖水域岸线管理保护》《水污染防治》《水环境治理》《水生态修复》《河（湖）长制执法监管》《河（湖）长制信息化管理理论与实务》《河（湖）长制考核》《湖长制政策及组织实施》。相信通过这套系列教材的出版，能进一步提高河（湖）长制工作人员的工作能力和业务水平，促进河（湖）长制管理的科学化与规范化，为我国河湖健康保障做出应有的贡献。

前言

　　江河湖泊具有重要的资源功能和生态功能，是水流的通道、水资源的载体、景观的依托，是生态环境的重要组成部分，是经济社会发展的重要基础性资源。河湖管理保护是一项复杂的系统工程，涉及上下游、左右岸、不同行政区域和行业。加强河湖管理、维护河湖健康生命、实现河湖功能永续利用，是全面深化水利改革的重要内容，是建设美丽中国、推进水生态文明建设的迫切需要，是推进工业化、城镇化、农业现代化和保障经济社会可持续发展的必然要求，是统筹推进"五位一体"总体布局和协调推进"四个全面"战略布局的必要举措。

　　党中央、国务院高度重视河湖管理和保护问题，近年来采取了一系列重大战略举措切实推动河湖管理工作。2011年《中共中央　国务院关于加快水利改革发展的决定》和中央水利工作会议明确提出，到2020年基本建成河湖健康保障体系，主要河道水功能区水质明显改善；2014年1月水利部印发《水利部关于深化水利改革的指导意见》，将建立严格的河道管理与保护制度作为深化水利改革的一项重要任务；2014年3月水利部印发《关于加强河湖管理工作的指导意见》，对河湖管理提出了更加具体的要求。习近平总书记关于"节水优先、空间均衡、系统治理、两手发力"的治水思路，赋予了新时期治水新内涵、新要求、新任务，为强化水治理、保障水安全指明了方向。2016年12月11日，中共中央办公厅、国务院办公厅印发了《关于全面推行河长制的意见》，决定在全国江河湖泊全面推行河长制，构建责任明确、协调有序、监管严格、保护有力的河湖管理保护机制，为维护河湖健康生命、实现河湖功能永续利用提供制度保障。全面推行河长制是落实绿色发展理念、推进生态文明建设的内在要求，是解决我国复杂水问题、维护河湖健康生命的有效措施，是完善水治理体系、保障国家水安全的制度创新。2016年12月12日，水利部、原环境保护部及时印发了《贯彻落实〈关于全面推行河长制的意见〉实施方案》，要求建立考核问责与激励机制，对成绩突出的河长及责任单位进行表彰奖励，对失职失责的要严肃问责。2017年5月19日，水利部办公厅出台《关于全面推行河长制工作制度建设的通知》，要求各地需抓紧制定并严格实行考核问责和激励、河长会议、信息共享、工作督察、验收等中央明确要求的工作制度，力求通过制度建设推动河长制工作落实，早日实现水清、河畅、岸绿、景美的河湖治理目标，早日建成绿水青山的美丽中国。2018 年 1 月 4 日，中共中央办公厅、国务院办公厅印发了《关于在湖泊实施湖长制的指导意见》，明确指出，为深入贯彻党的十九大精神，全面落实《中共中央办公厅、国务院办公厅印发〈关于全面推行河长制的意见〉的通知》要求，进一步加强湖泊管理保护工作，就在湖泊实施湖长制提出意见。

本书广泛吸取了国内外河湖管理考核评价的相关研究成果，回顾总结了河（湖）长制的历史起源以及推广进程，简要探讨了当前我国全面推行河（湖）长制的本质内涵和制度框架体系，分析和厘清河长制考核与河长制工作督察、河长巡查制度的关系，深入探讨河长制考核主体和考核对象、考核内容和考核指标、考核组织和考核方式、考核结果运用等有关河长制考核的基本理论和方法，介绍和分析了部分省市已出台的河长制考核工作制度和办法，并对河长制考核工作提出了相关思考与建议。

本书的编写，吸收了作者多年来的教学和实际工作经验，参考和吸收了中央和有关部委出台的《关于全面推行河长制的意见》《贯彻落实〈关于全面推行河长制的意见〉实施方案》《关于全面推行河长制工作制度建设的通知》《关于在湖泊实施湖长制的指导意见》等文件精神，借鉴了部分省市已出台的河长制考核工作相关制度文件或办法。本书立足于新时期河长制工作的主要目标和要求，切实针对当前我国在河湖管理工作中存在的问题，结合近年来国内外在该领域研究与实践的成果、经验和教训，对河长制考核机制进行了较为深入的探讨，旨在为河长和河长制工作各相关单位开展考核工作提供参考和依据。

本书由方国华、李肇桀、林泽昕共同编写，全书由方国华统稿。本书书稿完成之后，水利部南京水利科学研究院水文水资源研究所总工耿雷华教授对书稿进行了认真审阅，提出了许多宝贵意见，进一步提高了书稿质量，在此，对他的支持和指导表示衷心的感谢！在编写过程中，得到了有关河长制工作部门的领导和专家的大力支持与帮助。在此，向各位领导和专家表示衷心的感谢！

限于时间和水平，书中疏漏和不足之处在所难免，恳请读者批评指正。

作者

2018 年 5 月

目录

序

前言

第一章

绪　　论

第一节　背　景　及　意　义

　　水是生命之源、生产之要、生态之基，河湖水系作为水资源的重要载体，对支撑区域发展、保护生态环境具有十分重要的作用，因此河湖管理不仅事关人民群众福祉，更关系到中华民族的长远发展。

　　近年来，在我国各地逐步推行的河（湖）长制，是继江苏、浙江等省在新时期治水实践中的成功经验基础上在全国推广开来的。

　　2007年初夏，太湖蓝藻暴发引发的水污染问题促使江苏省委、省政府确立了"治湖先治河"的思路，无锡市创新河道管理体制，实施河道管理河长制，各级党政"一把手"分别担任了辖区内64条河道的河长，主要职责是督办河道水质的改善工作。河长制实施一年后，效果非常明显。2008年，中共无锡市委、市政府印发了《关于全面建立"河（湖、库、荡、氿）长制"，全面加强河（湖、库、荡、氿）综合整治和管理的决定》，标志着河长制在无锡的正式建立。同年，江苏省政府决定在太湖流域推广无锡市的河长制经验，15条主要入太湖河流实行"双河长制"，即每条河由省、市两级领导共同担任河长，一些地方还设立了市、县、镇、村四级河长管理体系，强化工作责任，强化对区域内河流的管护。通过几年的探索与实践，河长制被赋予了更多新的内涵，2012年9月，江苏省政府出台《关于加强全省河道管理"河长制"工作的意见》，对原来以水质达标为主要目标的河长制进行了拓展，在全省范围内推行以保障河道防洪安全、供水安全、生态安全为重点的河道管理河长制，努力构建"互联互通、引排顺畅、水清岸洁、生态良好"的现代河网水系，全力保障"环境美"新江苏目标的全面实现。通过政府主导、水利部门牵头、有关部门共同配合，形成工作合力成为河长制工作的成功经验。河长制实施后，在各级党委政府的重视下，各相关部门和单位增强了大局意识、责任意识和服务意识，为了共同的目标各司其职、密切配合、积极作为，共同推进了河湖的长效管理与保护。

　　2013年，浙江省出台了《关于全面实施"河长制"进一步加强水环境治理工作的意见》，明确了各级河长是包干河道的第一责任人，牵头制定"一河一策"治理方案，承担河道日常管理、协调推进河道治理、监督日常清淤保洁等"管、治、保"三位一体职责，形成了省、市、县、乡、村五级河长架构。省委、省政府先后出台了河长制长效机制、基层河长巡河、河长公示牌规范设置、入河排污口标识等一系列长效管理机制，创新了河长公示、河长巡河、举报投诉受理、重点项目协调推进、例会报告等日常工作制度，把治水从河流延伸覆盖到所有水体，从管水治水向生态文明建设全方位延伸，营造了全民治水保护环境的良好氛围。

党中央、国务院高度重视水安全和河湖管理保护工作。习近平总书记强调，保护江河湖泊，事关人民群众福祉，事关中华民族长远发展。李克强总理指出，江河湿地是大自然赐予人类的绿色财富，必须倍加珍惜。党的十八大以来，中央提出了一系列生态文明建设特别是制度建设的新理念、新思路、新举措。在深入调研、总结地方经验的基础上，2016年12月11日，中共中央办公厅、国务院办公厅印发《关于全面推行河长制的意见》（厅字〔2016〕42号），以保护水资源、防治水污染、改善水环境、修复水生态为主要任务，决定在全国江河湖泊全面推行河长制，构建责任明确、协调有序、监管严格、保护有力的河湖管理保护机制，为维护河湖健康生命、实现河湖功能永续利用提供制度保障。河长制是由党政领导担任河长，依法依规落实地方主体责任，协调整合各方力量，促进水资源保护、水域岸线管理、水污染防治、水环境治理等河流管理与保护工作的体制机制。全面推行河长制是落实绿色发展理念、推进生态文明建设的必然要求，是解决我国复杂水问题、维护河湖健康生命的有效举措，是完善水治理体系、保障国家水安全的制度创新，对维护河湖健康生命、加强生态文明建设、实现经济社会可持续发展具有重要意义。

科学、合理、完备的河长制考核体系是河长制是否取得成效的关键。《关于全面推行河长制的意见》（厅字〔2016〕42号）、《贯彻落实〈关于全面推行河长制的意见〉实施方案》（水建管函〔2016〕449号）、《关于全面推行河长制工作制度建设的通知》（办建管函〔2017〕544号）三个河长制文件中均专门对河长制考核提出了相应要求。《关于全面推行河长制的意见》指出，要强化考核问责，根据不同河湖存在的主要问题，实行差异化绩效评价考核，将领导干部自然资源资产离任审计结果及整改情况作为考核的重要参考。县级及以上河长负责组织对相应河湖下一级河长进行考核，考核结果作为地方党政领导干部综合考核评价的重要依据。2016年12月12日，水利部、环境保护部出台的《贯彻落实〈关于全面推行河长制的意见〉实施方案》中要求，建立考核问责与激励机制，对成绩突出的河长及责任单位进行表彰奖励，对失职失责的要严肃问责。2017年5月19日，水利部办公厅出台《关于全面推行河长制工作制度建设的通知》，指出各地需抓紧制定并按期出台河长会议、信息共享、工作督察、考核问责和激励、验收等中央明确要求的工作制度。

建立河长制考核机制是河长制有效落实和实现河长制常态化和法治化发展的保障，是考核管理者、督促其落实各项工作的有力举措，是掌握当前河长制推行情况、认识管理短板的重要手段，是推进河道管理水平提升的强有力抓手。目前，江苏、浙江、北京、广东、山东、江西、山西、湖南、四川等省（直辖市）已经出台相应的适应本地区的河长制考核办法，对河长制的落实起到了积极作用，但是已出台的河长制考核办法缺少统一标准，有的未能与中央要求保持一致。本书在对河长制相关文件剖析的基础上，论述了河长制考核机制建立的要点和方法，力争为各地河长制考核办法的制定提供一定参考和借鉴，为河长制的实施提供保障。

第二节　国内外研究动态

一、国外研究动态

目前国外已有许多关于河道评价的研究及相关成果，例如美国的快速生物监测协议（RBP）、澳大利亚的溪流状态指数（ISC）、英国的河流生态调查（RHS）等。西方国家河流管理已从以治污和改善水环境为主的河流保护与修复阶段进入以水生态系统恢复为主的流域综合治理阶段，国外研究多集中于河道健康评价，也存在部分流域管理评价。

1. 河道健康评价

河道健康概念在国外早已引起重视并将其评价应用于河流管理，许多学者针对河流健康进行了深入研究，建立了河道健康评价指标体系。

1972 年，美国颁布的《联邦水污染控制法》（后改称《清洁水法》）为河流健康设定了一个标准，其目标是恢复和维持美国水域化学、物理以及生物的完整性；1993 年，澳大利亚制定了"国家河流健康计划"，旨在联合各州及当地机构协作维护和监测河流生态系统功能；1994 年，南非水务及森林部（1994）提出了"河流健康计划"，利用生态和生境完整性监测指标对南非河流生态系统的生态条件进行评价。

除了上述国家，还有许多学者对河道健康评价做出相关研究，J. R. Karr 等（1981）采用与物种组成和生态结构相关的一系列鱼群属性来评估水生生物群的质量，提出包含河流鱼类物种丰富度、指示种类型、营养类型等 12 项指标的 IBI 评价体系，来评估河道健康状况。1984 年，Wright 等提出 RIVPACS 方法，该方法根据区域特征预测无人类干扰活动自然状态下的大型无脊椎动物，并将预测值与实际监测值对比分析，得出河道健康情况。1992 年，Petersen 等提出 RCE（Riparian, Channel and Environmental）指标体系，用于评估农业低地中小河流的物理和生物状况，该指标体系表征了河岸带的结构、河道形态和栖息地生境状况等 16 个特征。1994 年，Rowntree 等提出的 RHP 方法选用河流无脊椎动物、鱼类、河岸植被、生境完整性、水质、水文、形态等 7 类指标评价河流的健康状况。1994 年，Simpson 和 Norris 等对 Wright 提出的 RIVPACS 方法进行改进，并根据澳大利亚河流特点提出 AUSRIVAS 模型，用以评估该地区的河流健康状况。1998 年，Boon 等提出的英国河流保护评价系统 SERCON（System for Evaluating Rivers for Conservation），是一种利用自然性、物理多样性和物种丰富度等标准评估河流保护价值的技术，是英国进行河流战略性管理的有效工具之一。1999 年，Ladson 等提出 ISC 方法，用以衡量维多利亚州农村河流总体状况，从河道的水文、形态、河岸带、水质及水生生物 5个方面展开分析评估。

2. 流域管理评价

流域管理是各国经过长期摸索最终采取的有效方式，目前国外有关流域管理评价较少，理论成果有待完善。1997 年，美国环保局构建了包含 7 项状态指标、8 项脆弱性指标的流域指标 IWI，并用于美国 48 个流域评价。2001 年，Lorenz 等构建了跨界河流流域管理评价的指标体系，通过目标制定、概念模型构建、变量选择、评价标准比较、评估数据库和指标选择等一系列过程，选取了表征河流压力、河流生态系统状态、河流提供的产品和服务等方面的指标，从而为河流流域管理信息采集、决策以及指标的进一步发展提供参考。2007 年，Guimarães L T 提出了基于社会、生态、经济、管理政策-机构 4 方面 32 个指标的流域可持续管理评价指标体系，并用于巴西里约热内卢州的瓜纳巴拉湾流域（GBW）管理评价。2008 年，Lagutov V 认为可用鲟鱼种类和水资源综合管理作为可持续性流域管理的评价指标；2008 年、2010 年、2015 年 MinGoo Kang 等用因子分析法从用水管理、洪水管理、生态环境管理三方面构建了流域管理评价指标体系，并用 KMO 检验和球形检验对指标间相关性进行分析，从而为流域管理提供决策。澳大利亚合作研究中心（The e - Water Cooperative Research Centre of Australia）已研发出名为"e - Water Source"河流系统软件，用于帮助水资源和河流管理者进行河流系统规划和运行。该软件通过整合连续降雨径流和河流系统模型，为河流系统从集水区到河口的水资源预测和定量分析提供工具，它包括集水区径流、河流管理、河流治理 3 个模块，分别用于不同的研究应用。

二、国内河道管理评价研究动态

我国水利建设正逐步从传统水利向环境水利、生态水利转化，在江苏、上海等地区纷纷兴起了河道生态建设的热潮；但是，相对于西方国家而言，我国河道管理还存在一定差距，整体上处于单一水质恢复阶段。国内针对有关河道管理评价工作起步较晚，主要有河道健康评价、水利工程管理评价以及少部分的河道管理评价、流域管理评价。

1. 河道健康评价

2004 年以后，国内很多学者开始对中国的河流健康状况进行评价，目前大多数学者认为河流健康是健康生态系统和良好社会服务功能的统一，并以此为基础建立了不同的河流健康评价指标体系，较具代表性的有黄河、长江、辽河、珠江等河道健康评价以及其他较具影响力的河道健康评价研究成果。

截至目前，学术界对黄河健康评价还未形成统一、一致的意见，但对健康黄河的要点已达成共识，即以维持黄河健康生命为目标的"1493"健康理论框架，其中"1"指一个最终目标，"4"指四项主要标志，"9"指九条治理途径，"3"指三种基本手段。不同的研究者提出了不同的黄河健康评价指标体系，赵彦伟等（2005）构建了水质、水量、水生生物、河岸带、物理结构 5 个表征要素的黄河健康指标体系；刘晓燕（2006）认为连续径流、水沙通道、水质、生态系统、供水能力是衡量健康黄河的标志，并以此为准则对黄河健康进行了评价；赵锁志等（2008）从河流水文学、物理构造特征、河岸带状况、水体污染状况及水生生物 5 大方面构建了涵盖河岸抗冲性和河岸植被覆盖率等 14 个指标的黄河健康评价指标体系，并将此评价指标体系应用于黄河内蒙古段健康状况的评价。长江、辽河、珠江等河流健康评价研究也形成了一定的成果。王龙等（2007）从生态保护、防洪安全、水资源开发利用 3 方面展开，在河流自然形态、水环境状况、水生物状况、蓄泄能力、水资源开发、水资源利用基础上建立了健康长江评价指标体系。马铁民（2008）从流域、河流廊道和栖息地 3 个尺度展开，建立了一套包含 17 个指标的评价指标体系和相应的评价标准，用以综合评估辽河健康状况；裴雪姣等（2010）从 23 个指标中筛选出包含鱼类总种类数等 9 个指标在内的鱼类完整性指数 F - IBI 对辽河健康状况进行评价，进一步拓展了鱼类完整性指数在我国河流健康中的评价。李向阳等（2009）在《珠江河流健康评价指标体系研究报告》成果的基础上，提出健康珠江指标体系参考标准，采用一票否决与简单加权相结合的综合评价方法，对珠江健康进行评价；林木隆等（2006）在分析健康珠江内涵的基础上，依据科学性、层次性、系统性等原则，从自然属性和社会属性两个方面建立了健康珠江评价指标体系。此外，孙雪岚等（2008）认为河流健康的内涵应包括河道健康、河流生态系统健康和流域社会经济价值三方面，以此为基础建立了包含 24 个指标的河流健康评价指标体系，并给出了相应指标的量化计算方法。高永胜等（2007）考虑人类社会需求的满足程度和维持河流自身生命双重目标的基础上，选取河流地貌特征结构指标、河流社会经济功能指标、河流生态功能指标三大类指标构建反映河流结构和河流功能的河流健康生命评价指标体系。蔡守华等（2008）认为健康河流是生态系统健康、社会服务功能良好两个方面的体现，以易理解、易描述、易监测、适用性广等为原则，提出包括流量偏离率等 9 个指标的河流健康评价指标体系和评价方法。左倬等（2012 年）根据我国城市河道生态建设的特点提出了一套生态评价指标体系，并首次提出城市河道生态符合指数（URECI）的概念，同时以上海市为例，对若干已建生态河道进行了生态符合度的评价，以期为今后的生态河道健康建设与评价工作提供思路与参考借鉴。

2. 水利工程管理评价

水利工程取得的经济效益和社会效益都离不开水利管理，它是水利工程设施效益转化的中心环节和核心。为了对水利工程管理的进程进行全面、客观的评价，水利部和许多省份均发布了针对水利工程管理的考核办法，部分学者也对水利工程管理评价做了深入研究。

水利部于 2003 年出台并发布《水利工程管理考核办法》，并于 2008 年、2016 年两次进行修订，新修订的《水利工程管理考核办法》及其考核标准规定水利工程管理考核的对象是水利工程管理单位，重点考核水利工程的管理工作，包括组织管理、安全管理、运行管理、经济管理 4 类内容。同时规定，水利工程管理考核按照分级负责的原则进行，水利部负责全国水利工程管理考核工作，县级以上地方各级水行政主管部门负责所管辖的水利工程管理考核工作，并明确了水利工程管理考核的工程范围、考核内容、考核方式等，同时对自愿申报水利部验收的条件、管理权限、程序等做出具体规定。根据当前工程管理实际情况，分别提出了水库、水闸、河道、泵站和灌区 5 类工程的考核标准，并要求引、调水工程按照上述相关工程的考核标准执行。各地对照水利部出台的《水利工程管理考核办法》，制定了本地区的水利工程管理考核办法。

2010 年，方国华等在总结国内外相关研究成果的基础上，深入分析了江苏省水利工程管理的特点和存在的主要问题，建立并完善了水利工程管理现代化评价指标体系，对水利工程管理现代化的进程进行全面、客观的评价。该评价指标体系涉及管理体制、管理制度、管理手段、管理人才、发挥水利工程社会经济生态效益等多方面的内容，构建了两套评价指标体系，其中第一套评价指标体系适用于具体工程管理（包括部分被授权的社会管理）的评价指标体系，评价对象是水管单位，包括 9 个一级指标、35 个二级指标；第二套评价指标体系适用于水利工程行政管理或水利工程行业管理的评价指标体系，包含行业内部管理和社会管理两方面的内容，评价对象是省、市二级水利工程管理主管部门，包括 10 个一级指标、40 个二级指标。具体评价指标分别见表 1-1 和表 1-2。

表 1-1　　　　　　　江苏省水利工程管理现代化评价指标体系（第一套）

项目	一级指标	序号	二级指标
定性分析	水利工程管理体制合理性与先进性水平	1	水管单位分类定性准确合理性指数
		2	管养分离方案先进性及实施程度指数
		3	管理人员基本支出、维护经费落实到位度指数
		4	管理机制先进性指数
	水利工程管理规范化程度	5	水利工程检查、监测工作制度完备和执行规范化指数
		6	水利工程维修养护项目管理制度完备和执行规范化指数
		7	水利工程控制运用方案和操作制度执行指数
		8	水利工程各类预案完善指数
		9	单位行政管理各项规章制度和岗位责任制完善指数
		10	人才培养机制及科技创新激励机制完善指数
		11	档案管理水平指数
	水利工程管理手段自动化、信息化水平	12	水利工程管理信息化指数
		13	水利工程安全监测自动化系统先进性指数
		14	闸站工程自动化监控系统先进性指数
		15	水情预报和水利工程运行调度系统先进性指数
	水利工程管理法治环境良性化水平	16	管理范围确权划界完成指数
		17	依法管理完善程度指数
		18	水政监察人员素质建设力度指数
		19	水利工程管理公众参与程度指数
	水利工程运行安全管理水平	20	水利工程反事故预案完善指数
		21	报告制度完善指数
		22	责任制落实程度指数
定量分析	水利工程设施完好和功能达标程度	23	工程设施完好率
		24	维修养护率
		25	工程设计能力达标率
	水利工程水生态环境保护水平	26	保洁率
		27	绿化覆盖率
		28	水土流失治理率
		29	水域功能区水质达标率
	水管单位经营管理绩效和发展能力	30	工程运行效率
		31	合理水费及其他规费征收率
		32	可开发土地资源利用率
		33	水管单位盈亏率
	人力资源科技水平和结构性合理程度	34	在岗人员业务技术素质、结构及人数与职能要求适应率
		35	大专以上文化程度人员比例

表 1－2　　　　江苏省水利工程管理现代化评价指标体系（第二套）

项目	一级指标	序号	二级指标
定性分析	水利工程管理体制合理性与先进性水平	1	管理覆盖率
		2	水利工程集约化运行推进和完善能力指数
		3	水管单位分类定性准确合理性指数
		4	全面实施水利工程管理改革程度指数
		5	水利工程建设与工程管理工作安排的均衡合理程度指数
	行业管理规范化程度	6	行业监管各项规章制度和岗位责任制落实与考核指数
		7	水利工程管理考核推进与等级管理单位达标率指数
		8	水利工程系统联合调度运行水平指数
		9	各类预案制定、审批及执行情况指数
		10	各类管理规划制定（岸线、水域、河湖）与实施情况指数
		11	人才培养机制及科技创新激励机制完善指数
	水利管理社会化水平	12	涉河建设项目管理情况指数
		13	采砂项目管理、审批率及管理到位率
		14	对外行业水利工程监管情况
		15	水利公共服务职能完善程度指数
		16	水利管理公众参与程度指数
	水利工程管理手段自动化、信息化水平	17	辖区内水利工程管理信息化指数
		18	水利工程安全监测自动化系统先进性指数
		19	闸站工程自动化监控系统先进性指数
		20	水情预报和水利工程运行调度系统先进性指数
		21	水利工程控制运用决策支持系统开发与应用水平指数
		22	资料共享和信息社会化实现程度指数
	水利工程管理法治环境良性化水平	23	与水利工程管理有关的法规、规章配套建设力度指数
		24	对违规项目案件的查处率和结案率
		25	水政监察队伍素质建设力度指数
	水利工程运行安全管理水平	26	水利工程反事故预案完善指数
		27	报告制度完善指数
		28	责任制落实程度指数
定量分析	水利工程设施完好和功能达标程度	29	工程设施完好率
		30	维修养护率
		31	工程设计能力达标率
	水利工程水生态环境保护水平	32	绿化覆盖率
		33	水域功能区水质达标率
		34	水土流失治理率

续表

项目	一级指标	序号	二级指标
定量分析	水管单位经营管理绩效和发展能力	35	水管单位盈亏率
		36	职工收入与当地平均收入比率
		37	合理水费及其他规费征收率
	人力资源科技水平和结构性合理程度	38	管理人才结构达标率
		39	大专以上文化程度人员比例
		40	水利工程管理技术人员培训计划完善和实施成效指数

谭运坤等（2013）以《水利工程管理考核办法》为基础，研究建立了水利工程管理评价的指标体系，包括组织管理评价、安全管理评价、运行管理评价和经济管理评价4个目标和22个指标，并提出了合理评测工程管理水平的方法。崔跃飞等（2014）运用价值工程原理对水利工程管理效果进行评价，不仅能有效降低主观因素对评价结果的影响，更能全面反映水利工程管理的优劣程度。黄显峰（2016）为有效反映堤防工程管理现代化水平，通过建立基于物元分析法的评价模型，实现对堤防工程管理水平各项评估指标的量化计算，从而构建堤防管理评估体系。

3. 河道管理评价

目前河道管理评价研究成果较少，水利部和部分地区出台了河道管理考核办法，为数不多的专家或学者对此也进行了研究。

水利部为加强河道目标管理，于1994年发布《河道目标管理考评办法》，该办法针对七大江河和各省（自治区、直辖市）的省管河道（湖泊）管理单位。该考评采用千分制，分一、二、三和不合格4个评价等级，考虑了工程运行维修养护、技术管理、河道保护、河道利用与经营效果、河道防洪与供排水5个类别30个项目。其中工程运行维修养护主要考察堤防及附属植被，控导工程、穿堤建筑物等工程的建设与管理，标牌及管理设施的完好；技术管理考察技术资料和管理规章制度的齐全，工程检测，人员素质，规划编制与科研；河道保护考察河道的划界，建设项目开发，河道、滩地、岸线资源的利用，河道清障，水法规理解等；河道利用与经营效果考察各类费用收取，土地开发利用率，经营项目，管理经费；河道防洪与供排水考察防汛设施，防汛岗位责任制，防汛计划，险情处理，供水排涝等。该套考评办法指标精练，是河道管理的主要工作内容，具有很好的导向作用。同时指标赋分细致，可操作性好。但随着经济社会的发展，该套评价办法已不适应当前河道保护的新理念。

为加强骨干河道管理和保护工作，提高河道管理水平，规范河道管理行为，维护河道健康生命，根据《江苏省河道管理实施办法》《省政府办公厅关于加强全省河道管理"河长制"工作意见的通知》和《江苏水利现代化规划》的有关要求，江苏省于2012年制定《江苏省省骨干河道管理考核办法》。该办法是少有的针对河道管理的评价办法，评价对象为江苏省骨干河道名录中的727条骨干河道。该套考核办法是以河长制为基础，侧重评价河长制等组织、制度的建设情况，考核内容分为组织管理、经费管理、空间管理、资源管理、河道监测和工程管理六个方面。此外，江苏省还于2010年针对农村河道出台了《江苏省农村河道管护考核办法》，该套办法考察内容有组织领导、宣传教育、规章制度、队伍建设、经费落实、台账资料检查考核、管理效果、群众满意度8项。

尤爱菊等（2005）在梳理好新时期浙江省河道治理与管理主要任务的基础上，结合治理与管理的实际效果，构建了河道治理与管理评价指标体系，并择取恰当的评价方法。该套指标体系分三级设立：一级指标主要反映河道治理与管理体系建设的总体状况；二级指标是一级指标的支撑，由"四大体系"即防洪减灾、水资源利用和保护、生态环境建设和河道管理构成，反映体系建设主要方面完成情况为体系评价指标；三级指标是对二级指标的细化，为具体的物理量化指标，由29个指标组成。汪峰（2013）在分析了安徽省长江河道管理现代化目标、任务的基础上，秉持科学性、代表性、可操作性、分区性、动态性原则，提出了针对长江安徽段的河道管理现代化评价指标体系及评价方法，评价安徽省长江河道管理现代化的实现程度。该套评价指标体系分为定性评价指标和定量评价指标。定性评价为：①河道管理体制机制先进性；②河道管理制度及管理环境完善性。定量评价为：①河道工程设施达标及管理水平；②经营创收及发展能力。该套指标从以上4个一级指标出发，设立了25个二级指标。

4. 流域管理评价

随着流域管理模式在世界各国的推广应用，我国流域管理评价研究也逐渐呈现一定成果。祁永新（2009）以小流域治理和可持续管理理念为引导，应用相关利益分析法构建了包括植被覆盖度、固碳能力等17个指标的可持续小流域管理评价指标体系，给出了各指标的量化方法，并提出可持续小流域管理评价的分级评价标准和评价方法。孙璘等（2010）从社会协调发展、自然资源与环境和生计改善三方面分析建立了流域可持续发展能力综合评价指标体系，应用AHP方法对浐灞流域可持续发展进行了综合评价。赵设等（2012）介绍了加拿大弗雷泽流域可持续性指标体系构建和选择以及其实施效果，以此为借鉴，对我国流域可持续性指标体系的构建提出建议。

第三节　本书的主要内容

本书紧密结合新时期中央关于全面推行河长制的相关要求，在系统分析河（湖）长制内涵、特点基础上，总结概括河（湖）长制的框架体系，探讨河长制考核的基本理论与方法，以及建立河长制考核机制需要注意的若干关键问题，探讨提出与中央要求相符合的省级河长制考核推荐性制度框架。主要内容如下。

1. 河（湖）长制内涵、特点

阐述河（湖）长制的历史起源以及在全国推广的历程，分析全面推行河（湖）长制的必要性、目的及意义，剖析河（湖）长制内涵、特点，并指出建立河长制的关键要素。

2. 河（湖）长制框架体系

从组织体系、任务体系、保障体系三个方面总结分析河（湖）长制框架体系，为河长制考核制度的建立奠定基础。

3. 河长制考核理论与方法

紧密结合中央文件的相关要求，从考核主体和考核对象、考核内容和考核指标、考核组织和考核方式、考核结果运用四个方面探讨建立河长制考核制度需要注意的若干关键问题。

4. 河长制工作督察制度与河长巡查制度

讨论如何建立与河长制考核制度密切相关的两项制度——河长制工作督察制度、河长巡查制度，并分析厘清河长制工作督察制度与河长制考核制度的关系、河长巡查制度与河长制考核制度的关系。

5. 河长制考核问责与激励推荐性制度框架

根据河长制考核基本理论与方法分析，从河长制考核问责、激励奖励两个方面提出省级河长制考核问责与激励推荐性制度框架，为各地区河长制考核制度的制定提供参考和借鉴。

6. 河长制考核案例分析

通过对各地已出台的河长制考核制度分析，指出各省份考核制度的特点与特色。

本书河长制框架体系在系统分析中央文件要求的基础上对河长制的组织体系、任务体系和保障体系进行了总结，明确了河长制考核应抓住的关键要点，为"河长制考核理论与方法"的探讨奠定基础。"河长制考核问责与激励推荐性制度框架"将"河长制考核理论与方法"进一步深化与应用，站在省级的角度上探讨建立推荐性的河长制考核制度框架。"河长制工作督察制度与河长巡查制度"作为与河长制考核制度紧密联系的两项制度，是对河长制考核制度的进一步补充和完善。最后，在前述探讨的基础上，分析了各省市已出台的河长制考核办法，指出各省份考核制度的特色，为河长制考核办法制定提供参考。各章节逻辑关系如图 1-1 所示。

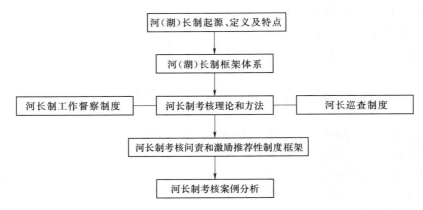

图 1-1　本书相关章节逻辑关系

第二章

河（湖）长制起源、定义及特点

全面推行河长制是落实绿色发展理念、推进生态文明建设的内在要求，是解决我国复杂水问题、维护河湖健康生命的有效举措，是完善水治理体系、保障国家水安全的制度创新。本章介绍了河长制的历史起源及推广进程，论述了建立河长制的必要性、目的及意义，探讨了河长制的定义、内涵与特点，并分析了建立河长制应把握的关键要点。

第一节 河（湖）长制起源与目的

一、河（湖）长制产生起源与推广

河长制在我国治水文明史上源远流长，自有史料记载，夏帝尧舜先后推选高官鲧和禹相继治水，可以算是开创河长制的先河。在中华民族漫长的治水实践中推举专职河官负责治水的河长制理念在华夏大地一直没有中断，当前我们推行的河长制也沿袭着历史的血脉。近年来，在我国各地逐步推行的河长制，就是继江苏、浙江等省在新时期治水实践中的成功经验先试先行的基础上在全国推广开来的。

2007年初夏，太湖蓝藻暴发引发了水污染，造成的供水危机引起了全国乃至全世界关注。江苏省委、省政府痛定思痛、痛下决心，为根治顽疾，确立了治湖先治河的思路，无锡率先创立了河长制。2007年，《无锡市河（湖、库、荡、汊）断面水质控制目标及考核办法（试行）》明确要求将79个河流断面水质的监测结果纳入各市（县）、区党政主要负责人（即河长）政绩考核。2008年，中共无锡市委、市政府印发了《关于全面建立"河（湖、库、荡、汊）长制"，全面加强河（湖、库、荡、汊）综合整治和管理的决定》，明确了组织原则、工作措施、责任体系和考核办法，要求在全市范围推行河长制管理模式。2010年，无锡市实行河长制管理的河道（含湖、荡、汊、塘）就达到6000多条（段），覆盖至村级河道。苏州、常州等地也迅速跟进。苏州市委办公室、市政府办公室于2007年12月印发《苏州市河（湖）水质断面控制目标责任制及考核办法（试行）》，全面实施河（湖）长制，实行党政一把手和行政主管部门主要领导责任制。张家港、常熟等地区还建立健全了联席会议制度、情况反馈制度、进展督察制度等。常州市延伸建立了断面长制，由市委书记、市长等16名市领导分别担任区域补偿、国控、太湖考核等30个重要水质断面的断面长和24条相关河道的督察河长，各辖市、区部门、乡镇、街道主要领导分别担任117条主要河道的河长及断面长。建立了通报点评制度，以月报和季报形式发各位河长。常州市武进区率先为每位河长制定了《督查手册》，包括河道概况、水质情况、存在问题、水质目标及主要工作措施，供河长们参考。徐州市委、市政府出台了《关于建立"河长制"管护制度保障徐州"水更清"的实施意见》，成立领导小组，建立了横向到边、纵向到底的全覆盖责任体系，在江苏省规定的 97 条骨干河道基础上，全市 1233 条大沟级以上河道、72 座中小型水库全部纳入河长制管护责任范围，通过在媒体公布河长名单、在河岸显要位置设立河长公示牌，明确河长职责、管护单位、监督电话，接受公众监督，全市形成协调有序、反应快速、运转高效、统筹推进、合作治水的联动机制。

2008 年 6 月，江苏省政府决定在太湖流域推广无锡的河长制，省政府办公厅印发《关于在太湖主要入湖河流实行双河长制的通知》，15 条主要入湖河流由省、市两级领导共同担任河长，双河长分工合作，协调解决太湖和河道治理的重任，江苏双河长制工作机制正式启动。随后，江苏省不断完善河长制相关管理制度，建立了断面达标整治地方首长负责制，将河长制实施情况纳入流域治理考核，印发河长工作意见，定期向河长通报水质情况及存在问题，2014 年和 2015 年合计印发通报 270 多份。2012 年 9 月，河长制被赋予了新的内涵，省政府出台《关于加强全省河道管理"河长制"工作的意见》，河长制从以保障水质为主拓展到以河道管理为主，在全省推广河长制，并相应出台了《全省河道管理"河长制"考核办法》，保障河长制的实施效果。截至 2016 年 11 月，全省 727 条省骨干河道、1212 个河段的河长已落实到位，其中由各级行政首长担任河长的占 2/3，太湖 15 条主要入湖河流实行了由省级领导和市级领导共同担任河长的双河长制，江苏已经在全省范围内初步形成了较为完善的河长体系。

河长制在江苏生根后，很快在全国大部分省市和地区落地开花。其中几个典型地区工作值得归纳总结。一是首家明确河长制法律地位的城市。《昆明市河道管理条例》2010 年 5 月 1 日起施行，将河长制、各级河长和相关职能部门的职责纳入地方法规，使得河长制的推行有法可依，形成长效机制。二是"最强河长"阵容的省份。2014 年，浙江省委、省政府全面铺开"五水共治"（即治污水、防洪水、排涝水、保洪水、抓节水），河长制被称为"五水共治"的制度创新和关键之举。至 2016 年年底，浙江省已形成强大的河长阵容：6 名省级河长、199 名市级河长、2688 名县级河长、16417 名乡镇级河长、42120 名村级河长，五级联动的河长制体系已具雏形。三是河长规格最高的省份。江西省 2015 年启动河长制，省委书记任省级总河长，省长任省级副总河长，7 位省领导分别担任"五河一湖一江"的河长，并设立省、市、县（市、区）、乡（镇、街道）、村五级河长。江西省将河长制责任落实、河湖管理与保护纳入党政领导干部生态环境损害责任追究、自然资源资产离任审计，由江西省委组织部负责考核、审计厅负责离任审计。四是创建了河长制地方标准的开化县。2016 年 9 月，浙江省开化县发布了《河长制管理规范》县级地方标准，明确了建立河长制管理体系的质量目标、机构设立和人员基本要求，针对性地提出管理要求、信息管理要求和绩效考核要求，通过建立河长制管理体系，完善对河道的巡查、监督、管理、考核机制。这几个地区的河长制实践各具特色，分别在有法可依、系统联动、党政同责、标准规范等方面做了开创和探索。

水是生命之源、生产之要、生态之基，河湖水系作为水资源的重要载体，对支撑区域发展、保护生态环境具有十分重要的作用，因此科学合理地管理河湖不仅事关人民群众福祉，更关系到中华民族的长远发展。近年来，各地积极采取措施，加强河湖治理、管理和保护，在防洪、供水、发电、航运、养殖等方面取得了显著的综合效益。然而，伴随着人类活动的加剧和现代社会的快速发展，河湖水系受到了极大的影响和破坏，我国河湖管理保护出现了一些新问题，部分河湖功能发挥失常、生态系统紊乱，导致河流断流、河道与湖泊萎缩、水污染加重、湿地退化、水生生物多样性减少。为了应对河湖污染引发的水危机，地方政府开始积极探索河长制，以期使河湖水质达标率得到提升、河道水环境污染得到遏制并有所改观、河道生态修复功能得到加强。

在无锡市先行先试并取得良好成效的基础上，河长制创新河湖管护理念被其他地区效仿和借鉴，并进行了有益探索，成果显著，形成了许多可复制、可推广的成功经验。党的十八大以来，中央提出了一系列生态文明建设特别是制度建设的新理念、新思路、新举措。在深入调研、总结地方经验的基础上，2016年12月11日，中共中央办公厅和国务院办公厅印发《关于全面推行河长制的意见》，对我国全面推行河长制提出了指导性意见与建议。全面推行河长制是落实绿色发展理念、推进生态文明建设的内在要求，是解决我国复杂水问题、维护河湖健康生命的有效举措，是完善水治理体系、保障国家水安全的制度创新。

湖长制是河长制基础上及时和必要的补充。享有"千湖之省"美誉的湖北省，有大小湖泊755个，湖泊水域面积2706km^2，是全国率先开展湖长制改革的省份。2012年武汉市开始探索试行湖长制，同年湖北省颁布了首个地方湖泊法规，设立湖长制。2014年，湖北省开始在全省全面推行湖长制，首先在环梁子湖地区的鄂州市、大冶市、武汉市江夏区和咸宁市咸安区开展河湖管护创新试点。2015年在潜江市、仙桃市、宜昌宜都市和夷陵区4个市区开展了试点，两年的试点取得了许多可复制、可推广的经验。2017年，湖北省根据中央河长制改革部署，出台了《关于全面推行河湖长制的实施意见》，从实际出发，要求2017年底全面建立省、市、县、乡四级河（湖）长制体系，所有湖泊全部由县级以上党委、政府主要领导担任湖长，覆盖全省流域面积50km^{2}以上的1232条河流和列入省政府保护名录的755个湖泊。在中央《关于全面推行河长制的意见》改革部署的基础上，湖北省将河长制定位为河（湖）长制，全面深化河长制和湖长制；通过湖长制改革，全省湖泊水域岸线基本稳定、生态系统逐步恢复，环境质量不断改善，受到人民群众好评。

自《关于全面推行河长制的意见》印发以来，水利部会同有关部门协同推进，地方各级党委、政府狠抓落实，省、市、县、乡四级30多万名河长上岗履职，河湖专项整治行动深入开展，全面推行河长制工作取得重大进展，河湖管护责任更加明确，很多河湖实现了从"没人管"到"有人管"、从"多头管"到"统一管"、从"管不住"到"管得好"的转变，生态系统逐步恢复，环境质量不断改善，受到人民群众好评。

在全面推行河长制的基础上，针对湖泊自身特点和突出问题，2018年1月4日，中共中央办公厅、国务院办公厅印发《关于在湖泊实施湖长制的指导意见》，专门针对湖泊管理出台了指导意见。在湖泊实施湖长制是贯彻党的十九大精神、加强生态文明建设的具体举措，是《关于全面推行河长制的意见》提出的明确要求，是加强湖泊管理保护、改善湖泊生态环境、维护湖泊健康生命、实现湖泊功能永续利用的重要制度保障。《关于在湖泊实施湖长制的指导意见》是加强湖泊管理保护的纲领性文件，对我国实施湖长制提出了指导性的意见与建议，充分体现了党中央、国务院对湖泊管理工作的高度重视，充分彰显了湖泊生态保护在生态文明建设中的重要地位。

二、建立河（湖）长制的必要性

江河湖泊是地球的血脉、生命的源泉、文明的摇篮，也是经济社会发展的基础支撑。据《第一次全国水利普查公报》（截至 2011 年 12 月 31 日）统计，我国江河湖泊众多，水系发达，流域面积 50km² 以上河流共 45203 条，总长度达 150.85 万 km；常年水面面积 1km² 以上的天然湖泊 2865 个，水面总面积 7.80 万 km²（不含跨国界湖泊境外面积）。这些江河湖泊孕育了中华文明、哺育了中华民族，是祖先留给我们的宝贵财富，也是子孙后代赖以生存发展的珍贵资源。保护江河湖泊，事关人民群众福祉，事关中华民族长远发展。

（1）全面推行河（湖）长制是落实绿色发展理念、推进生态文明建设的必然要求。习近平总书记多次就生态文明建设做出重要指示，强调要树立"绿水青山就是金山银山"的强烈意识，努力走向社会主义生态文明新时代。在推动长江经济带发展座谈会上，习近平总书记强调，要走生态优先、绿色发展之路，把修复长江生态环境摆在压倒性位置，共抓大保护、不搞大开发。《中共中央　国务院关于加快推进生态文明建设的意见》把江河湖泊保护摆在重要位置，提出明确要求。江河湖泊具有重要的资源功能、生态功能和经济功能，是生态系统和国土空间的重要组成部分。落实绿色发展理念，必须把河湖管理保护纳入生态文明建设的重要内容，作为加快转变发展方式的重要抓手，全面推行河（湖）长制，促进经济社会可持续发展。

（2）全面推行河（湖）长制是解决我国复杂水问题、维护河湖健康生命的有效举措。习近平总书记多次强调，当前我国水安全呈现出新老问题相互交织的严峻形势，特别是水资源短缺、水生态损害、水环境污染等新问题愈加突出。河湖水系是水资源的重要载体，也是新老水问题体现最为集中的区域。近年来各地积极采取措施加强河湖治理、管理和保护，取得了显著的综合效益，但河湖管理保护仍然面临严峻挑战。一些河流特别是北方河流开发利用已接近甚至超出水环境承载能力，导致河道干涸、湖泊萎缩，生态功能明显下降；一些地区废污水排放量居高不下，超出水功能区纳污能力，水环境状况堪忧；一些地方侵占河道、围垦湖泊、超标排污、非法采砂等现象时有发生，严重影响河湖防洪、供水、航运、生态等功能发挥。解决这些问题，亟须大力推行河长制，推进河湖系统保护和水生态环境整体改善，维护河湖健康生命。

（3）全面推行河（湖）长制是完善水治理体系、保障国家水安全的制度创新。习近平总书记深刻指出，河川之危、水源之危是生存环境之危、民族存续之危，要求从全面建成小康社会、实现中华民族永续发展的战略高度，重视解决好水安全问题。河湖管理是水治理体系的重要组成部分。近年来，一些地区先行先试，进行了有益探索。这些地方在推行河长制方面普遍实行党政主导、高位推动、部门联动、责任追究，取得了很好的效果，形成了许多可复制、可推广的成功经验。实践证明，维护河湖生命健康、保障国家水安全，需要大力推行河（湖）长制，积极发挥地方党委、政府的主体作用，明确责任分工、强化统筹协调，形成人与自然和谐发展的河湖生态新格局。

党的十九大强调，生态文明建设功在当代、利在千秋，要推动形成人与自然和谐发展现代化建设新格局。湖泊是江河水系的重要组成部分，是蓄洪储水的重要空间，在防洪、供水、航运、生态等方面具有不可替代的作用。河长制没有完全覆盖湖库，湖长制是河长制基础上及时和必要的补充，重在强化源头治理，巩固水环境治理成果。实行湖长制是将绿色发展和生态文明建设从理念向行动转化的具体制度安排，也是中国水环境管理制度和运行机制的重大创新，使责任主体更加明确、管理方法更加具体、管理机制更加有效。

三、建立河（湖）长制的目的与意义

全面推行河长制体现了鲜明的问题导向，贯穿了绿色发展理念，明确了地方党政领导的主体责任和河湖管理保护各项任务，具有坚实的实践基础，是水治理体制的重要创新，对维护河湖健康生命、加强生态文明建设、实现经济社会可持续发展具有重要意义。

1. 推行河长制对落实水污染防治计划有重要意义

党中央、国务院着眼于治水大局，做出了关于全面推行河长制的决策，对全面落实党中央、国务院关于生态文明建设、环境保护的总体要求和水污染行动计划具有十分重要的意义。河长制是一种非常重要的决策创新、机制创新。通过河长制的推动，把党委、政府的主体责任落到实处，而且把党委、政府领导成员的责任也具体地落到实处，领导成员都有各自的分工，大家会自觉地把环境保护、治水任务和各自分工有机结合起来，形成一个大的工作格局，把我国政治制度的优势在治水方面充分体现出来，有利于攻坚克难，有利于水污染防治计划。

2. 河长制有利于推动化工园区等产业的结构调整

河长制将发挥我国政治体制优势，有攻坚克难的作用。水污染防治过程中遇到的难题之一就是一些地方的产业结构比较重，布局也不够合理，出现环境与发展两难的困境。每一个河段由相应的党委、政府成员负责，从而有利于推动化工园区产业的结构调整，优化布局，有利于环境保护与经济统筹发展，有利于社会稳定。

3. 河长制将推进地方环境保护责任的落实

落实责任首先在于细化责任，国家《水污染防治行动计划》（国发〔2015〕17号）发布以后，环保部门与各省签订目标责任书，把水污染防治行动计划的目标任务、工作分工细化到各个地方。各个地方又参照国家的做法进一步细化到各个市、各个县，细化到基层，使每一级党委、政府，每一个治污的责任主体都承担相应的责任。按照中央的统一部署，原环保部正在推进中央环境保护督察，对照各自的责任检查落实情况。河长制的实施，在加上督察问责工作，将推动《水污染防治行动计划》的落实以及各地方环境责任的落实。

4. 河长制将推动水利和环保工作更好合作

河长制的实施没有改变原来部门之间的职责分工，而是在党委、政府的统筹和统一领导下搭建一个合作与协作的平台。河长制实施以后，在中央层面，水利部与环保部协商成立部际联席会议制度，遇到难以抉择的重大问题将提请部际联席会议进行协调处理。河长制实施以后，将推动水利和环保在水污染防治、水资源保护方面的合作，并取得更好的效果。

5. 河长制将推动河湖水域岸线保护利用管理工作

水利部一直非常重视河湖水域岸线的保护利用管理，主要开展了三方面工作：一是对全国主要江河重要河段全部编制了水域岸线保护利用规划。比如2016年9月水利部会同

交通运输部、国土资源部联合编制了《长江岸线保护和开发利用总体规划》。二是加强河湖管理范围的划定，这是河湖管理保护的基础性工作。对于中央直属工程，河湖管理范围划定与河长制开展同步推进，争取到 2018 年底基本完成河湖管理范围划定工作。三是加强日常监管和综合执法，通过一系列措施来加强河湖水域岸线的管理保护。

6. 河长制将更好地保障最严格水资源管理制度落实到位

按照国务院部署，"十二五"期间，水利部门会同环保部、发展改革委等 9 个部门共同推进了最严格水资源管理制度的实施。中央出台《关于全面推行河长制的意见》，对水资源保护、水污染防治、水环境治理等都提出了明确要求，作为河长制的主要任务，特别强调，要强化水功能区的监督管理，明确要根据水功能区的功能要求，对河湖水域空间，确定纳污容量，提出限排要求，把限排要求作为陆地上污染排放的重要依据，强化水功能区的管理，强化入河湖排污口的监管，这些要求与最严格水资源管理制度、"三条红线"（总量控制红线、效率控制红线、水功能区限制纳污控制红线），以及入河湖排污口管理、饮用水水源地管理、取水管理等要求充分对接。可以看出，河长制的制度要求从体制机制上能够更好地保障最严格水资源管理制度各项措施落实到位。"十三五"在制定最严格水资源管理制度考核时，把河长制落实情况纳入最严格水资源管理制度的考核，做到有效对接。

在湖泊实施湖长制，是以习近平同志为核心的党中央坚持人与自然和谐共生、加快生态文明体制改革做出的重大战略部署，是贯彻落实党的十九大精神、统筹山水林田湖草系统治理的重大政策举措，是加强湖泊管理保护、维护湖泊健康生命的重大制度创新。

湖长制的实施有利于促进绿色生产生活方式的形成，有利于建立流域内社会经济活动主体之间的共建关系，形成人人有责、人人参与的管理制度和运行机制。湖长制与河长制共同发挥作用，保障水环境治理成效。

第二节　河（湖）长制定义、特点

一、河（湖）长制定义

河长制，简而言之，就是由党政领导担任河长，依法依规落实地方主体责任，协调整合政府各部门力量，加强水资源保护、水域岸线管理、水污染防治、水环境治理等工作，形成加快水生态文明建设合力，恢复绿水青山，建设美丽中国。这是基于责任制理念，将江河湖库的水环境治理责任进一步明确到各级党政领导身上，实现党政领导牵头负责，各部门间的职能协调配合、各负其责，同时搭建社会公众参与的多种平台，推动水生态环境社会共治，是一种党委、政府乃至社会各界共同参与生态文明建设的体制机制。关于河长制的内涵无统一定义，尚处于探讨阶段。例如《浙江省河长制规定》（2017 年 7 月 28 日）明确指出，河长制是指在相应水域设立河长，由河长对其责任水域的治理、保护予以监督和协调，督促或者建议政府及相关主管部门履行法定职责、解决责任水域存在问题的体制和机制（其中"水域"包括江河、湖泊、水库以及水渠、水塘等水体）。

湖长制是河长制的细化和延伸，是以党政领导责任制为核心，强化属地管理责任，是加强湖泊保护管理、改善湖泊生态环境、维护湖泊健康生命、实现湖泊功能永续利用的重要制度保障，更是中央提出的加强生态文明建设的具体举措。湖长制是专门为湖泊量身定做的制度创新，力求统筹协调湖泊与入湖河流的管理保护工作，协调解决湖泊管理保护中的一些重大问题。

不论河长制还是湖长制，目的都是强化地方党政一把手对辖区内涉水自然资源资产的监管责任。河（湖）长制创造性地将辖区内分散的水环境保护管理职责向地方党政主官集中，提升了地方对水环境治理的关注度，推动了环境保护属地责任的落实。

二、河（湖）长制特点

1. 河长制特点

河长制由各级党政主要领导担任总河长负责辖区河流水域的综合管理，各级党委和政府对区域内的水环境综合治理负责，推动政府各职能部门齐心协力、齐抓共管，为我国全面开展水生态文明建设提出了新思路。其有如下几大特点。

（1）确立了党政领导负责制。河长制从其诞生之日起，就牢牢抓住了相关领导担任责任人的"牛鼻子"。以江苏省无锡市为例，在落实责任上下足了功夫。无锡市某区要求每位河长按每条河道缴纳 3000 元保证金，并上缴到区河长制管理保证金专户，以"水质好转、水质维持现状、水质恶化"等综合指数作为考核评判标准，设定全额返还保证金并按缴纳保证金额度的 100% 奖励、全额返还保证金和全额扣除保证金三种奖惩类型。除了和经济收益挂钩外，还采取了一系列行政处罚措施，对年度考核成绩较差的领导，还分别给予诫勉谈话、通报批评、责令检查、责成公开道歉，直至调整工作岗位、责令辞职、免职等相应处罚。浙江省每一条河都有各级党政领导担任河长，河长姓名、基本情况、整治措施、治理时间、责任领导等都公布于众，接受社会监督。还建立了赏罚分明的考核奖惩制度，对河流出境水质好于入境水质的地方政府给予奖励，对出境水质劣于入境水质的地方政府加以惩处；对"五水共治"走在前列的先进县市区，授予浙江治水最高奖项——"大禹鼎"，2015 年浙江省就有 4 个市、25 个县（市、区）捧得"大禹鼎"。可以认为，河长制责任机制的实质就是领导干部的"包干制"。

（2）整合各部门力量，破解"九龙治水"的顽疾。各地河长制实践的第二个共性特点，在于剑指如何破解"九龙治水"顽疾。2013 年，浙江省因为充分认识到水资源、水生态、水安全的内在关联和互为因果，确立了"五水共治"系统治理路径，强化了涉水部门合作。由省生态办（环保厅）牵头，环保部门主抓治污水，水利部门主抓防洪水、保供水，住建部门主抓排涝水、抓节水，在省治水领导小组办公室统一领导下，统筹谋划、分工合作、事半功倍。同年，江苏省组建了由各级政府、水利、环保和海洋渔业等部门组成的湖泊管理与保护联席会议制度，进一步整合各地区、各部门涉河涉湖管理的职能，变"多龙管湖"为联合治湖，全省省管湖泊均建立了联席会议工作机制，基本形成了河、湖、库全面管理的组织体系。部门协作机制的建立，缓解了过去"水利不上岸，环保不下水"的职能分割、片面治水等矛盾，从尊重水的多重属性出发，不仅能更科学地把握治水规律，而且能集中力量以较低成本实现治水目标。

（3）搭建社会共治的平台。在河长制推进工作中，很多地方都充分借助了民间力量。以江苏省为例，2014 年年初，江苏省环保厅委托省环境保护公共关系协调研究中心，选出 6 条公众关注的河流，公开遴选出 6 家环保社会组织，对河道环境综合整治工作进行全过程监督。这是政府向环保社会组织购买服务的一次尝试。6 家环保社会组织通过实地访问、民意调查、摄影摄像、公益宣传、环境教育等方式参与了监督管理。2015 年，莫愁生态环境保护协会推出了"莫愁河长"项目，当年招募了 380 余名民间河长。每位河长均配备了河长工具箱、河长手册、河长手记等，用于收集河流数据，记录河流自然状况、周边环境状况以及市民访谈情况等。2016 年 8 月，由政府聘请的江苏省 15 条主要入湖河流之一的漕桥河的民间河长正式上任，主要职能是每旬至少对漕桥河沿线及其周边河流、支浜等违法排污、违法捕捞、违章建筑、水面漂浮物、岸边垃圾、项目建设维护、治污设施运行、环境政策落实监督巡查一次，及时记录巡查情况，发送巡查日志，在政府相关措施、项目实施前给予合理化建议，独立行使监督权，及时发现问题并报告当地政府。此外，不少地方也在广泛发动社会各界力量。云南省 2010 年成立了九湖水污染防治督导组，组长及成员主要由省政府及其部门和地方政府退休的老领导组成，充分发挥他们的协调和监督作用。浙江省在"五水共治"工作中还调动了省外浙商的力量，2014 年 1 月在全国浙商华北峰会上，全国 11 家浙江商会联合发起成立了"省外浙商五水共治爱心基金"和"省外浙商五水共治协调联络中心"。

2. 湖长制特点

除河长制外，各地还根据不同的水域类型建立了湖（库、荡、氿、塘）长制，对上述水域进行管理。湖（库、荡、氿、塘）长制以河长制为基础，其工作内容与河长制大致相仿，都是河湖管理体制的改革创新，工作机制相同且都具有严格的考核问责机制。

由于所管辖水域类型的区别，湖（库、荡、氿、塘）长制与河长制的工作内容也略有不同，以湖长制为例。

（1）相对于河道，湖泊具有自身的特殊性，《关于在湖泊实施湖长制的指导意见》中提出了湖泊 5 个方面的特点，包括湖泊涉及多河湖汇入、边界监测断面不易确定、无序开发现象普遍、水体交换周期长、对生态环境影响较大等内容。推进湖长制是在全面推行河长制的基础上，针对湖泊的特点和问题开展的一项补充和优化，是对河长制的一种深化和具体化，是专门为湖泊量身定制的。

（2）在具体设置湖长时，总体不改变原有总河长、河长组织体系，以及河（湖）长制办公室等构架，但需对湖泊及入湖河道河（湖）长制组织体系适当进行优化完善。跨省的湖泊，由省级负责同志担任湖长；跨市地的湖泊，原则上由省级负责同志担任湖长；跨县的湖泊，原则上由市地级负责同志担任湖长。同时，湖泊所在市、县、乡分级设立湖长，实行网格化管理。

（3）湖长制任务更有针对性。一是相对于河流水域空间管理，湖泊水域空间管控更加严格。以问题为导向，针对湖泊存在的非法圈圩围垦、非法占用湖泊水域情况，提出"严禁以任何形式围垦湖泊、违法占用湖泊水域"的控制机制；要求严格控制涉湖建设项目，最大限度减少对湖泊的不利影响；明确严格管控湖区围网养殖、采砂等活动。二是湖泊岸线管理保护相对于河流更加细化。要求推动河湖岸线功能区划分，强化岸线用途管制和节约集约利用，最大限度保持湖泊岸线自然形态，沿湖土地开发利用和产业布局应与岸线分区要求相衔接，并为经济社会可持续发展预留空间。三是湖泊水污染防治要求更加重视。要求明确年度入湖污染物削减量，逐步改善水质；将治理任务落实到湖泊汇水范围内各排污单位。四是湖泊水环境综合整治力度更大。要求作为饮用水水源地的湖泊，开展饮用水水源地安全保障达标和规范化建设，确保饮用水安全；加大湖泊引水排水能力，增强湖泊水体的流动性。五是湖泊水生态治理与修复更加明确。要求积极有序推进生态恶化湖泊的治理与修复，因地制宜进行湖泊生态岸线建设、滨湖绿化带建设、沿湖湿地公园和水生生物保护区建设。加强入湖河流以及湖泊水质、水量、水生态动态监测。六是湖泊执法监管机制更加突出。要求集中整治湖泊岸线乱占滥用、多占少用、占而不用等突出问题，加强湖泊动态监管。

第三节　建立河长制的关键

实行河长制的目的是贯彻新的发展理念，以保护水资源、防治水污染、改善水环境、修复水生态为主要任务，构建一种责任明确、协调有序、严格监管、保护有力的河湖管理保护机制，实现河湖功能的有序利用，提供制度的保障。全面建立河长制，关键要做到以下三点。

1. 要有一个具体的工作方案

《关于全面推行河长制的意见》是加强河湖管理保护的纲领性文件，对实施河长制做出了科学系统全面的顶层设计，明确提出地方各级党委和政府要抓紧制定出台工作方案，明确工作进度安排，到2018年年底前全面建立河长制。各地要按照工作方案到位、组织体系和责任落实到位、相关制度和政策措施到位、监督检查和考核评估到位的要求，抓紧制定工作方案，细化、实化工作目标、主要任务、组织形式、监督考核、保障措施等内容，明确各项任务的时间表、路线图和阶段性目标，由各地党委或政府印发实施。在方案制定过程中，要把《关于全面推行河长制的意见》作为总依据、总遵循，重点把握好以下几个方面。

（1）准确把握指导思想。《关于全面推行河长制的意见》提出的指导思想，全面贯彻习近平总书记系列重要讲话特别是关于生态文明建设的重要讲话精神，集中体现了新发展理念和新时期水利工作方针，明确提出了全面推行河长制的主要任务，凝练概括了责任明确、协调有序、监管严格、保护有力的河长制运行机制，确定了河长制的目标是为维护河湖健康生命、实现河湖功能永续利用提供制度保障。制定方案时，要准确把握这一指导思想，并切实贯穿到河长制工作的全过程。

（2）准确把握基本原则。坚持生态优先、绿色发展，牢固树立尊重自然、顺应自然、保护自然的理念，把是否有利于维护河湖生态功能作为首要考虑。坚持党政领导、部门联动，紧紧抓住以党政领导负责制为核心的责任体系。坚持问题导向、因地制宜，采取有针对性的措施解决河湖管理保护中的突出问题。坚持强化监督、严格考核，加强对河长的绩效考核和责任追究，确保河长制落实到位。要按照"四个坚持"的要求，准确把握全面推行河长制的立足点、着力点、关键点和支撑点。

（3）准确把握组织形式。按照《关于全面推行河长制的意见》要求，要全面建立省、市、县、乡四级河长体系。各省（自治区、直辖市）党委或政府主要负责同志担任本省（自治区、直辖市）总河长；省级负责同志担任本行政区域内主要河湖的河长；各河湖所在市、县、乡均分级分段设立河长，由同级负责同志担任。各省（自治区、直辖市）总河长是本行政区域河湖管理保护的第一责任人，对河湖管理保护负总责；其他各级河长是相应河湖管理保护的直接责任人，对相应河湖管理保护分级分段负责。河长制办公室承担具体组织实施工作，各有关部门和单位按职责分工，协同推进各项工作。

（4）准确把握时间节点。按照中央要求，部分先行试点的省（自治区、直辖市）要尽快按《关于全面推行河长制的意见》要求修订完善工作方案，2017年6月底前出台省级工作方案，力争2017年年底前制定出台相关制度及考核办法，全面建立河长制。其他省（自治区、直辖市）要在2017年底前出台省级工作方案，2018年6月底前制定出台相关制度及考核办法，全面建立河长制。

2. 要有一个完善的工作机制

河湖管理保护是一项十分复杂的系统工程，涉及上下游、左右岸和不同行业。各级各有关部门要在河长的统一领导下，密切协调配合，要有一套完善的配套工作机制，要明确一个牵头部门，要有一个河长制办公室，明确相关的成员单位，同时明晰各个部门之间的分工，落实工作责任，搭建一个有效的工作平台，形成河湖管理保护合力。为此，要做好以下方面的工作。

（1）成立协调推进机构。水利部成立了由主要负责同志任组长的全面推行河长制工作领导小组，各地也要成立领导机构，加强组织指导、协调监督，研究解决重大问题，确保河长制的顺利推进、全面推行。各级水行政主管部门要切实履行好河湖主管职责，全力做好河长制相关工作。

（2）逐级逐段落实河长。各地要按照《关于全面推行河长制的意见》要求，抓紧明确本行政区域各级河长，以及主要河湖河长及其各河段河长，进一步细化、实化河长工作职责，做到守土有责、守土尽责、守土担责。

（3）成立河长制办公室。各地要在河长的组织领导下，抓紧提出河长制办公室设置方案，明确牵头单位和组成部门，搭建工作平台，建立工作机构，落实河长确定的事项。

3. 要有一套完善管用的工作制度

全面推行河长制需要一套完整的制度体系，包括河长会议制度、部门联动制度、信息报送制度、工作督察制度、考核问责与激励制度、公众参与制度等一系列制度。

（1）建立河长会议制度，定期或不定期由河长牵头或委托有关负责人组织召开河长制工作会议，拟定和审议河长制重大措施，协调解决推行河长制工作中的重大问题，指导督促各有关部门认真履职尽责，加强对河长制重要事项落实情况的检查督导。

（2）建立部门联动制度，建立水务部门会同环境保护等相关部门参加的全面推行河长制工作沟通联系和密切配合协调机制，强化组织指导和监督检查，协调解决重大问题。

（3）建立信息报送制度，各级要动态跟踪全面推行河长制工作进展，定期通报河湖管理保护情况和工作开展情况总结，及时解决存在的问题，并进行整改落实到位。

（4）建立工作督察制度，上级河长机构负责牵头组织督察工作，对下一级河长和同级河长制相关部门进行督察，督察内容包括河长制体系建立情况，人员、责任、机构、经费落实情况，工作制度完善情况，主要任务完成情况，失职追责情况等，确保河长制不流于形式。

（5）要建立考核问责与激励制度，实施河长制的出发点和最终目标是水环境质量改善。要在政府出台具体规划方案的基础上，在政策与投入保障机制到位的前提下，明确河长的具体治水责任，并制定对河长的绩效考核机制，合理确定其工作考核指标与水质考核指标的关系，使河长的职、责、权达到一致。

（6）要建立公众参与制度，水质检测等关键环节应有公众和第三方机构参与，以确保其公信度。同时，还应通过民意调查、公众给河长打分以及公开考核结果等途径，接受公众的评判与监督，不合格者须受到党纪政纪处分。

第三章

河（湖）长制框架体系

河湖管理保护是一项复杂的系统工程，涉及上下游、左右岸、不同行政区域和行业。近年来，一些地区积极探索河长制，由党政领导担任河长，依法依规落实地方主体责任，协调整合各方力量，有力促进了水资源保护、水域岸线管理、水污染防治、水环境治理等工作。本章从河（湖）长体系、河长制办公室、河长制工作职责等方面阐述了全面推行河（湖）长制的组织体系，对比分析了各地推行河长制的任务体系，并论述了全面推行河（湖）长制的保障体系，最后以江苏省为例，分析总结了江苏省升级版河长制的特色与特点，为河长制考核机制的建立奠定基础。

第一节　河（湖）长制组织体系

一、河（湖）长体系

《关于全面推行河长制的意见》明确指出，全面建立省、市、县、乡四级河长体系。各省（自治区、直辖市）设立总河长，由党委或政府主要负责同志担任；各省（自治区、直辖市）行政区域内主要河湖设立河长，由省级负责同志担任；各河湖所在市、县、乡均分级分段设立河长，由同级负责同志担任。河长体系框架如图 3-1 所示。

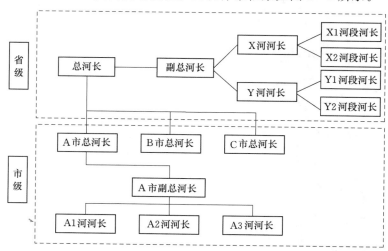

图 3-1　河长体系框架

各地区根据实际情况，正在逐步建立不同级别的河长体系。截至 2017 年年底，按照中央的统一要求，全国各地均建立了省、市、县、乡四级河长体系。还有一些省份（例如江苏、浙江、广东、江西等）根据本省实际，在四级河长体系的基础上做了进一步拓展，建立了省、市、县、乡、村五级河长体系。

湖长制由地方行政首长负责，但不同于河长制省、市、县、乡四级管理体系，一些面积较大的湖泊是跨省的，如太湖；还有一些湖泊只局限在一个市县，相对于河长制来讲管理层级较少。《关于在湖泊实施湖长制的指导意见》明确指出，全面建立省、市、县、乡四级湖长体系。各省（自治区、直辖市）行政区域内主要湖泊，跨省级行政区域且在本辖区地位和作用重要的湖泊，由省级负责同志担任湖长；跨市地级行政区域的湖泊，原则上由省级负责同志担任湖长；跨县级行政区域的湖泊，原则上由市地级负责同志担任湖长。同时，湖泊所在市、县、乡要按照行政区域设立湖长，实行网格化管理，确保湖区所有水域都有明确的责任主体。

湖长制要与河长制相衔接，因为一些湖泊的水来自河流，还有一些湖泊的水通过河流出去，因此湖泊的水环境治理和生态保护，既有湖泊自身的因素，也需要与河流的治理和保护有机结合。

二、河长制办公室

《关于全面推行河长制的意见》明确指出，县级及以上河长设置相应的河长制办公室，具体组成由各地根据实际确定。

河长制办公室通常设在水行政主管部门，办公室主任由政府或党委分管水利或省水行政主管部门的主要负责同志担任，副主任由水行政主管部门或环保部门的主要负责同志担任，成员由涉及河湖管理的其他部门（诸如环保、国土、住建、交通、农林等）的同志组成。

《关于在江苏全省全面推行河长制的实施意见》明确规定，省级河长制办公室设在省水利厅，承担全省河长制工作日常事务。省级河长制办公室主任由省水利厅主要负责同志担任，副主任由省水利厅、省环境保护厅、省住房城乡建设厅、省太湖办分管负责同志担任，领导小组成员单位各1名处级干部作为联络员。各地根据实际，设立本级河长制办公室。

《北京市进一步全面推进河长制工作方案》明确规定，设置市、区、乡镇（街道）河长制办公室。市、区水行政主管部门主要领导担任同级河长制办公室主任，相关单位为同级河长制办公室成员单位，其分管领导为办公室成员；乡镇（街道）河长制办公室主任由各乡镇（街道）确定。

《浙江省全面深化河长制工作方案》明确规定，省河长制办公室与省"五水共治"工作领导小组办公室合署。办公室主任和常务副主任由省"五水共治"工作领导小组办公室主任和常务副主任兼任，省农办、省水利厅主要负责人以及省发改委、省经信委、省建设厅、省财政厅、省农业厅等单位1名负责人兼任副主任，省水利厅、省环保厅各抽调1名副厅级干部担任专职副主任。办公室成员单位为省委办公厅、省政府办公厅、省委组织部、省委宣传部、省委政法委、省农办、省发改委、省经信委、省科技厅、省公安厅、省司法厅、省财政厅、省国土资源厅、省环保厅、省建设厅、省交通运输厅、省水利厅、省农业厅、省林业厅、省卫生计生委、省地税局、省统计局、省海洋与渔业局、省旅游局、省法制办、浙江海事局、省气象局等。

《广东省全面推行河长制工作方案》明确规定，县级及以上河长设置相应的河长制办公室。省河长制办公室设在省水利厅，省国土资源厅、省环境保护厅、省住房城乡建设厅、省农业厅、省林业厅等有关单位按照职责分工，协同推进各项工作。

《江西省全面推行河长制工作方案（修订）》明确规定，县级以上设立河长制办公室，办公室主任由各级水行政主管部门主要负责人担任。

《山西省全面推行河长制实施方案》明确指出，省河长制办公室设在省水利厅。办公室主任由省政府分管水利工作的副省长兼任，副主任由省水利厅厅长、省环保厅厅长兼任。

《安徽省全面推行河长制工作方案》明确规定，省级河长制办公室设在省水利厅，省水利厅主要负责同志任办公室主任，省环保厅明确1名负责同志任第一副主任，省水利厅分管负责同志任副主任，省级河长会议成员单位联络员为河长制办公室成员。

三、河长制工作职责

《关于全面推行河长制的意见》对河长制涉及的工作职责分工做了具体的规定：各级河长负责组织领导相应河湖的管理和保护工作，包括水资源保护、水域岸线管理、水污染防治、水环境治理等，牵头组织对侵占河道、围垦湖泊、超标排污、非法采砂、破坏航道、电毒炸鱼等突出问题依法进行清理整治，协调解决重大问题；对跨行政区域的河湖明晰管理责任，上下游、左右岸实行联防联控；对相关部门和下一级河长履职情况进行督导，对目标任务完成情况进行考核，强化激励问责。河长制办公室承担河长制组织实施具体工作，落实河长确定的事项。各有关部门和单位按照职责分工，协同推进各项工作。

从以上规定中可以看出，河长制工作职责分工涉及三大主体——河长、河长制办公室、各相关部门和单位，三大主体应密切配合，按照其工作职责分工协同推进河长制的实施。

1. 河长职责

按照中央河长体系构架，可以分为省级河长、市级河长、县级河长、乡镇级河长，部分地区在中央河长四级体系构架的基础上做了进一步的延伸，将河长体系延伸到村级，形成五级河长体系构架。不同级别的河长其工作职责也有所区别，大体如下：

省级河长负责协调和督促解决责任水域治理和保护的重大问题，按照流域统一管理和区域分级管理相结合的管理体制，协调明确跨设区市水域的管理责任，推动建立区域间协调联动机制，推动本省行政区域内主要江河实行流域化管理。

市、县级河长负责协调和督促相关主管部门制定责任水域治理和保护方案，协调和督促解决方案落实中的重大问题，督促本级人民政府制定本级治水工作部门责任清单，推动建立部门间协调联动机制，督促相关主管部门处理和解决责任水域出现的问题、依法查处相关违法行为。

乡镇级河长负责协调和督促责任水域治理和保护具体任务的落实，对责任水域进行日常巡查，及时协调和督促处理巡查发现的问题，劝阻相关违法行为，对协调、督促处理无效的问题，或者劝阻违法行为无效的，按照规定履行报告职责。

村级河长负责在村（居）民中开展水域保护的宣传教育，对责任水域进行日常巡查，督促落实责任水域日常保洁、护堤等措施，劝阻相关违法行为，对督促处理无效的问题，或者劝阻违法行为无效的，按照规定履行报告职责。

2. 河长制办公室职责

《关于全面推行河长制的意见》明确指出，县级及以上河长设置相应的河长制办公室，具体组成由各地根据实际确定。各地区根据实际，在省级河长制办公室、市级河长制办公室、县级河长制办公室框架的基础上进一步延伸至乡镇级河长制办公室。

《关于全面推行河长制的意见》对河长制办公室职责做了如下规定：河长制办公室承担河长制组织实施具体工作，落实河长确定的事项。但在实际工作中，不同级别河长制办公室的具体工作职责有所区分。省级、市级、县级、乡镇级河长制办公室的具体工作职责大体如下：

省级河长制办公室主要职责一般为承担河长制组织实施的各项具体工作，具体如：落实省总河长、省副总河长、省河长确定的事项；负责省级河长制组织实施的具体工作；拟定河长会议、信息共享、工作督察、考核问责和激励、验收等河长制工作有关制度；组织、协调、监督、指导河长制各项工作任务的落实；组织实施考核、督察、验收、信息共享等工作；定期组织召开河长制会议，研究解决重大问题。

《浙江省全面深化河长制工作方案》规定，浙江省河长制办公室主要职责如下：统筹协调全省治水工作；负责省级河长制组织实施的具体工作，制定河长制工作有关制度，监督河长制各项任务的落实，组织开展各级河长制考核；河长制办公室实行集中办公，定期召开成员单位联席会议，研究解决重大问题。

《广东省河长制工作实施方案》规定，广东省河长制办公室职责为：承担河长制组织实施具体工作，负责拟定河长制管理制度和考核办法，组织、协调、监督、指导河长制各项工作任务的落实，并组织实施考核、督察、验收、信息共享等工作。按照一河一策、一湖一策原则，负责制定本行政区域内主要河湖河长制实施方案。

《福建省河长制工作方案》规定，福建省河长制办公室职责为：负责河长制组织实施的具体工作，开展综合协调、政策研究、督导考核等日常工作，协调组织执法检查、监测发布和相关突出问题的清理整治等工作。

市级河长制办公室的主要职责一般为：负责组织协调、调度督导、检查考核等河长制实施具体工作，贯彻落实上级决定和部署，明确工作任务，拟定巡查、处理、反馈、督察、考核等各项管理制度，监督各项任务的落实，组织实施考核等工作，负责全市河长制实施的日常组织协调工作。

县级河长制办公室的主要职责相对来说比较简单，主要职责为：承担县级河长制组织实施具体工作，制定河长制管理制度，承办县级河长会议，落实河长确定的事项；拟定并分解河长制年度目标任务，监督落实并组织考核，督办群众举报案件。

各级河长制办公室在具体规定河长制办公室工作职责时，可根据实际情况参考以上内容进行调整。

3. 各相关部门和单位的工作职责

《关于全面推行河长制的意见》规定：各相关部门和单位按照职责分工，协同推进各项工作。不同部门应做好职责范围内的河道管理工作，从省级层面来讲，各部门工作职责大体如下：

省水利厅负责河湖水资源管理保护、水功能区管理，组织跨界河流断面水质水量监测，推进节水型社会和水生态文明建设，负责河湖管理范围内建设项目，依法查处河湖管理范围内水事违法行为。

省环保厅负责水污染防治的统一监督指导，组织实施跨设区市的水污染防治规划，制定严格的入河湖排污标准，开展入河污染源的调查执法和达标排放监管，推进农作物秸秆综合利用，组织河湖水质监测，开展河湖水环境质量评估，依法查处非法排污，水污染突发事件应急监测与处置。

省住房城乡建设厅负责整治城市黑臭水体，推进城镇污水、垃圾处理等基础设施的建设与监管等工作。

省交通运输厅负责监管和推进航道整治，水上运输及船舶、港口、码头污染防治，组织对破坏航道行为依法进行清理整治。

省发展改革委负责协调推进河湖保护有关重大项目，组织落实国家关于河湖保护相关产业政策，协调河湖管理保护有关规划的衔接。

省经济和信息化委负责指导工业企业污染控制和工业节水，协调新型工业化与河湖管理保护有关问题。

省财政厅负责落实省级河长制工作经费，协调河湖管理保护所需资金，监督资金使用。

省国土资源厅负责开展矿产资源开发整治过程中矿山地质环境保护工作，负责协调河湖治理项目用地保障，组织、指导、监督河湖水域岸线等河湖自然资源统一确权登记。

省农委负责监管农业面源污染和水产养殖污染防治工作，推进农田废弃物综合利用，依法查处非法捕捞、非法养殖、电毒炸鱼等破坏渔业资源的行为。

省卫生计生委负责指导饮用水卫生监测和农村卫生改厕工作。

省林业厅负责推进生态公益林和水源涵养林建设，推进河湖沿岸绿化和湿地管理保护工作，依法查处破坏森林、湿地行为。

在实际工作中确立河长、河长制办公室、不同部门职责时应根据实际情况（包括河湖实际情况、涉及部门等）慎重考虑。尤其是对于不同级别、不同地区的河长职责，不同级别行政区域河长、不同河湖河长的工作职责因为级别、地区的不同而存在差异，跨行政区域的河湖相应河段的河长与行政区域内河湖河长的工作职责也不相同，在确立河长职责时都需要予以通盘考虑。

第二节　河（湖）长制任务体系

河湖管理的任务是以河湖管理目标为导向，立足于不同阶段的管理实际，通过有规划、切实可行的一系列步骤，不断缩小与目标的距离。《关于全面推行河长制的意见》指出，坚持节水优先、空间均衡、系统治理、两手发力，以保护水资源、防治水污染、改善水环境、修复水生态为主要任务，在全国江河湖泊全面推行河长制，构建责任明确、协调有序、监管严格、保护有力的河湖管理保护机制，为维护河湖健康生命、实现河湖功能永续利用提供制度保障。简而言之，河湖管理的最终目标就是维护河湖健康生命、实现河湖功能永续利用。

一、河长制任务体系

结合我国河道的状况和当前管理实际水平，指出现阶段的主要任务是保护水资源、防治水污染、改善水环境、修复水生态等，而河长制作为一种河湖管理体制机制的创新，为目标实现、任务完成提供有效的制度保障。

《关于全面推行河长制的意见》明确指出，主要有以下六大任务。

（1）加强水资源保护。落实最严格水资源管理制度，严守水资源开发利用控制、用水效率控制、水功能区限制纳污三条红线，强化地方各级政府责任，严格考核评估和监督。实行水资源消耗总量和强度双控行动，防止不合理新增取水，切实做到以水定需、量水而行、因水制宜。坚持节水优先，全面提高用水效率，水资源短缺地区、生态脆弱地区要严格限制发展高耗水项目，加快实施农业、工业和城乡节水技术改造，坚决遏制用水浪费。严格水功能区管理监督，根据水功能区划确定的河流水域纳污容量和限制排污总量，落实污染物达标排放要求，切实监管入河湖排污口，严格控制入河湖排污总量。

（2）加强河湖水域岸线管理保护。严格水域岸线等水生态空间管控，依法划定河湖管理范围。落实规划岸线分区管理要求，强化岸线保护和节约集约利用。严禁以各种名义侵占河道、围垦湖泊、非法采砂，对岸线乱占滥用、多占少用、占而不用等突出问题开展清理整治，恢复河湖水域岸线生态功能。

（3）加强水污染防治。落实《水污染防治行动计划》，明确河湖水污染防治目标和任务，统筹水上、岸上污染治理，完善入河湖排污管控机制和考核体系。排查入河湖污染源，加强综合防治，严格治理工矿企业污染、城镇生活污染、畜禽养殖污染、水产养殖污染、农业面源污染、船舶港口污染，改善水环境质量。优化入河湖排污口布局，实施入河湖排污口整治。

（4）加强水环境治理。强化水环境质量目标管理，按照水功能区确定各类水体的水质保护目标。切实保障饮用水水源安全，开展饮用水水源规范化建设，依法清理饮用水水源保护区内违法建筑和排污口。加强河湖水环境综合整治，推进水环境治理网格化和信息化建设，建立健全水环境风险评估排查、预警预报与响应机制。结合城市总体规划，因地制宜建设亲水生态岸线，加大黑臭水体治理力度，实现河湖环境整洁优美、水清岸绿。以生活污水处理、生活垃圾处理为重点，综合整治农村水环境，推进美丽乡村建设。

（5）加强水生态修复。推进河湖生态修复和保护，禁止侵占自然河湖、湿地等水源涵养空间。在规划的基础上稳步实施退田还湖还湿、退渔还湖，恢复河湖水系的自然连通，加强水生生物资源养护，提高水生生物多样性，开展河湖健康评估。强化山水林田湖系统治理，加大江河源头区、水源涵养区、生态敏感区保护力度，对三江源区、南水北调水源区等重要生态保护区实行更严格的保护。积极推进建立生态保护补偿机制，加强水土流失预防监督和综合整治，建设生态清洁型小流域，维护河湖生态环境。

（6）加强执法监管。建立健全法规制度，加大河湖管理保护监管力度，建立健全部门联合执法机制，完善行政执法与刑事司法衔接机制。建立河湖日常监管巡查制度，实行河湖动态监管。落实河湖管理保护执法监管责任主体、人员、设备和经费。严厉打击涉河湖违法行为，坚决清理整治非法排污、设障、捕捞、养殖、采砂、采矿、围垦、侵占水域岸线等活动。

北京市、安徽省等地与《关于全面推行河长制的意见》中的六大任务相对应，任务细则略有差异。此外，各地区根据管理实际情况，在中央文件提出的六项任务的基础上，分别结合当地河湖管理实际情况对任务进行了细化，部分地区拓展了相关任务或内容。

二、湖长制任务体系

《关于在湖泊实施湖长制的指导意见》明确指出，主要有以下六大任务。

（1）严格湖泊水域空间管控。各地区各有关部门要依法划定湖泊管理范围，严格控制开发利用行为，将湖泊及其生态缓冲带划为优先保护区，依法落实相关管控措施。严禁以任何形式围垦湖泊、违法占用湖泊水域。严格控制跨湖、穿湖、临湖建筑物和设施建设，确需建设的重大项目和民生工程，要优化工程建设方案，采取科学合理的恢复和补救措施，最大限度减少对湖泊的不利影响。严格管控湖区围网养殖、采砂等活动。流域、区域涉及湖泊开发利用的相关规划应依法开展规划环评，湖泊管理范围内的建设项目和活动，必须符合相关规划并科学论证，严格执行工程建设方案审查、环境影响评价等制度。

（2）强化湖泊岸线管理保护。实行湖泊岸线分区管理，依据土地利用总体规划等，合理划分保护区、保留区、控制利用区、可开发利用区，明确分区管理保护要求，强化岸线用途管制和节约集约利用，严格控制开发利用强度，最大限度保持湖泊岸线自然形态。沿湖土地开发利用和产业布局，应与岸线分区要求相衔接，并为经济社会可持续发展预留空间。

（3）加强湖泊水资源保护和水污染防治。落实最严格水资源管理制度，强化湖泊水资源保护。坚持节水优先，建立健全集约节约用水机制。严格湖泊取水、用水和排水全过程管理，控制取水总量，维持湖泊生态用水和合理水位。落实污染物达标排放要求，严格按照限制排污总量控制入湖污染物总量，设置并监管入湖排污口。入湖污染物总量超过水功能区限制排污总量的湖泊，应排查入湖污染源，制定实施限期整治方案，明确年度入湖污染物削减量，逐步改善湖泊水质；水质达标的湖泊，应采取措施确保水质不退化。严格落实排污许可证制度，将治理任务落实到湖泊汇水范围内各排污单位，加强对湖区周边及入湖河流工矿企业污染、城镇生活污染、畜禽养殖污染、农业面源污染、内源污染等综合防治。加大湖泊汇水范围内城市管网建设和初期雨水收集处理设施建设，提高污水收集处理能力。依法取缔非法设置的入湖排污口，严厉打击废污水直接入湖和垃圾倾倒等违法行为。

（4）加大湖泊水环境综合整治力度。按照水功能区区划确定各类水体水质保护目标，强化湖泊水环境整治，限期完成存在黑臭水体的湖泊和入湖河流整治。在作为饮用水水源地的湖泊，开展饮用水水源地安全保障达标和规范化建设，确保饮用水安全。加强湖区周边污染治理，开展清洁小流域建设。加大湖区综合整治力度，有条件的地区，在采取生物净化、生态清淤等措施的同时，可结合防洪、供用水保障等需要，因地制宜，加大湖泊引水排水能力，增强湖泊水体的流动性，改善湖泊水环境。

（5）开展湖泊生态治理与修复。实施湖泊健康评估，加大对生态环境良好湖泊的严格保护，加强湖泊水资源调控，进一步提升湖泊生态功能和健康水平。积极有序推进生态恶化湖泊的治理与修复，加快实施退田还湖还湿、退渔还湖，逐步恢复河湖水系的自然连通。加强湖泊水生生物保护，科学开展增殖放流，提高水生生物多样性。因地制宜推进湖泊生态岸线建设、滨湖绿化带建设、沿湖湿地公园和水生生物保护区建设。

（6）健全湖泊执法监管机制。建立健全湖泊、入湖河流所在行政区域的多部门联合执法机制，完善行政执法与刑事司法衔接机制，严厉打击涉湖违法违规行为。坚决清理整治围垦湖泊、侵占水域以及非法排污、养殖、采砂、设障、捕捞、取用水等活动。集中整治湖泊岸线乱占滥用、多占少用、占而不用等突出问题。建立日常监管巡查制度，实行湖泊动态监管。

第三节　河（湖）长制保障体系

一、组织领导

《关于全面推行河长制的意见》指出，加强组织领导。地方各级党委和政府要把推行河长制作为推进生态文明建设的重要举措，切实加强组织领导，狠抓责任落实，抓紧制定出台工作方案，明确工作进度安排，到 2018 年年底前全面建立河长制。

二、工作机制

《关于全面推行河长制的意见》指出，健全工作机制。建立河长会议制度、信息共享制度、工作督察制度，协调解决河湖管理保护的重点难点问题，定期通报河湖管理保护情况，对河长制实施情况和河长履职情况进行督察。各级河长制办公室要加强组织协调，督促相关部门单位按照职责分工，落实责任，密切配合，协调联动，共同推进河湖管理保护工作。

《水利部办公厅关于加强全面推行河长制工作制度建设的通知》指出，根据《关于全面推行河长制的意见》《贯彻落实〈关于全面推行河长制的意见〉实施方案》，各地需抓紧制定并按期出台河长会议、信息共享、信息报送、工作督察、考核问责和激励、验收等制度。具体如下。

（1）河长会议制度。主要任务是研究部署河长制工作，协调解决河湖管理保护中的重点难点问题，包括河长会议的出席人员、议事范围、议事规划、决策实施形式等内容。

（2）信息共享制度。包括信息公开、信息通报和信息共享等内容。信息公开，主要任务是向社会公开河长名单、河长职责、河湖管理保护情况等，应明确公开的内容、方式、频次等；信息通报，主要任务是通报河长制实施进展、存在的突出问题等，应明确通报的范围、形式、整改要求等；信息共享，主要任务是对河湖水域岸线、水资源、水质、水生态等方面的信息进行共享，应对信息共享的实现途径、范围、流程等做出规定。

（3）信息报送制度。需明确河长制工作信息报送主体、程序、范围、频次以及信息主要内容、审核要求等。

（4）工作督察制度。主要任务是对河长制实施情况和河长履职情况进行督察，应明确督察主体、督察对象、督察范围、督察内容、督察组织形式、督察整改、督察结果应用等内容。

（5）考核问责和激励制度。考核问责，是上级河长对下一级河长，地方党委、政府对同级河长制组成部门履职情况进行考核问责，包括考核主体、考核对象、考核程序、考核结果应用、责任追究等内容。激励制度，主要是通过以奖代补等多种形式，对成绩突出的地区、河长及责任单位进行表彰奖励，应明确激励形式、奖励标准等。

（6）验收制度。主要任务是按时间节点对河长制建立情况进行验收，包括验收的主体、方式、程序、整改落实等。

三、考核问责

《关于全面推行河长制的意见》指出，强化考核问责。根据不同河湖存在的主要问题，实行差异化绩效评价考核，将领导干部自然资源资产离任审计结果及整改情况作为考核的重要参考。县级及以上河长负责组织对相应河湖下一级河长进行考核，考核结果作为地方党政领导干部综合考核评价的重要依据。实行生态环境损害责任终身追究制，对造成生态环境损害的，严格按照有关规定追究责任。

四、社会监督

《关于全面推行河长制的意见》指出，加强社会监督。建立河湖管理保护信息发布平台，通过主要媒体向社会公告河长名单，在河湖岸边显著位置竖立河长公示牌，标明河长职责、河湖概况、管护目标、监督电话等内容，接受社会监督。聘请社会监督员对河湖管理保护效果进行监督和评价。进一步做好宣传舆论引导，提高全社会对河湖保护工作的责任意识和参与意识。

社会监督作为一种推动河长制实施的手段，不仅可以为河长制工作的推进广开言路、献言献策，还可以增强河长制工作的透明性，提高公众参与河湖管理与保护的积极性。可以从以下方面完善社会监督机制。

（1）建立河道管理保护信息发布平台，通过信息平台向社会公告河道基本信息、河长名单，定期向社会公布河道管理保护工作动态信息。建立河长信箱，及时处置解决社会公众反映的问题。

（2）设立河长制热线电话，专人受理处置解决社会公众反映的问题，及时处置解决便民热线等转办的相关问题。

（3）在河道显著位置竖立河长公示牌，标明河长职责、河道概况、管护目标、监督电话等公示信息，接受社会监督。

（4）聘请河长制社会监督员对河道管理保护效果进行监督和评价。

（5）完善环境保护公众参与办法，支持和鼓励公众参与舆论监督和社会监督。

（6）建立河长制工作微信、QQ 群，方便及时接收民众投诉和建议，宣传引导公众参与治水。

（7）聘请民间河长或第三方专门机构对河长制实施情况进行监督。

第四节　江苏省升级版河长制

按照中央《关于全面推行河长制的意见》统一部署，江苏省在原创的河长制基础上全力打造升级版河长制，实现与全国"一盘棋"，主要体现在覆盖范围升级、组织构架升级、工作任务升级和工作机制升级。

一、覆盖范围升级

在全省范围内全面推行河长制，实现河道、湖泊、水库等各类水域河长制管理全覆盖。河长制管理体系由原来的骨干河道升级为全省各类河道、湖泊和水库，覆盖了全省村级以上河道 10 万多条，乡级以上河道 2 万多条，流域面积 50 km² 以上河道 1495 条，省级骨干河道 727 条，列入《江苏省湖泊保护名录》的湖泊 137 个，在册水库 901 座。

二、组织架构升级

建立省、设区市、县（市、区）、乡镇（街道）、村（居）五级河长体系。省、设区市、县（市、区）、乡镇四级设立总河长，成立河长制办公室。跨行政区域的河湖由上一级设立河长，本行政区域河湖相应设置河长。

省级总河长由省长担任，副总河长由省委、省政府分管领导担任。设区市、县（市、区）、乡镇总河长由本级党委或政府主要负责同志担任。

全省 18 条重要流域性河道、7 个省管湖泊分别由省委、省政府领导担任河长，河湖所在设区市、县（市、区）党政负责同志担任相应河段河长。

太湖 15 条主要入湖河道，河长制体系保持不变。

其他流域性河道、区域骨干河道及重点湖泊，由设区市党委、政府负责同志担任河长，河湖所在县（市、区）、乡镇党政负责同志担任相应河段河长。

县乡河道、小型湖泊及各类水库，由所在地党政负责同志担任河长。

其他河道的河长，由各地根据实际情况设定。

具体而言，在总河长设立方面，省级总河长由省长担任，副总河长由省委、省政府分管领导担任；市县乡总河长由本级党委或政府主要负责同志担任。在领导机构设立方面，省级成立由总河长为组长、省有关部门和单位主要负责同志为成员的河长制工作领导小组，协调推进河长制各项工作。成员单位包括省委组织部、宣传部、省发改委、省财政厅、省公安厅、省水利厅、省环境保护厅、省交通运输厅、省国土资源厅、省农委、省住房城乡建设厅、省海洋与渔业局、省太湖办、省林业局、江苏海事局。在河长设立方面，全省 18 条重要流域性河道、7 个省管湖泊，分别由 11 名省领导担任河长，河湖所在市县党政负责同志担任相应河段河长。太湖 15 条主要入湖河道，维持原有河长制体系。其他流域性河道、区域骨干河道及重点湖泊由设区市党委、政府负责同志担任河长，河湖所在县乡党政负责同志担任相应河段河长。县乡河道、小型湖泊及各类水库由所在地党政负责同志担任河长。

三、工作任务升级

起源于太湖地区的河长制最初以水质达标为主要目标，2012 年起实施的河道管理河长制以保障防洪安全、供水安全、生态安全为重点，此次河长制围绕保护水资源、防治水污染、治理水环境、修复水生态等重点，突出系统治理、水岸同治、长效管理及功能提升，统筹河湖功能管理、资源保护和生态环境治理。对照中央文件六项任务，结合江苏省实际，明确了严格水资源管理、加强河湖资源保护、推动河湖水污染防治、开展水环境综合治理、实施河湖生态修复、强化河湖执法监督、推进河湖长效管护、提升河湖综合功能八项任务，具体见表 3-1。

表 3 - 1　　　　　　　　　　　江苏省升级版河长制任务体系

任务	概　述
严格水资源管理	落实最严格的水资源管理制度，严守用水总量控制、用水效率控制、水功能区限制纳污"三条红线"，严格考核评估和监督。坚持以水定需、量水而行、因水制宜，根据当地水资源条件和防洪要求，科学编制经济社会发展规划和城市总体规划，合理确定重大建设项目布局。实行水资源消耗总量和强度双控行动，健全万元地区生产总值水耗指标、农业灌溉水利用系数等用水效率评估体系，层层分解落实任务。严格水功能区管理监督，根据水功能区确定的水域纳污能力和限制排污总量，落实污染物达标排放要求，切实监管入河入湖排污口，严格控制入河入湖排污总量
加强河湖资源保护	依法制定河湖管理保护规划，科学划定河湖功能区，加强河湖资源用途管制，合理确定河湖资源开发利用布局，严格控制开发强度，着力提高开发水平。加强河湖岸线利用管控，强化岸线保护和集约节约利用。加强水域资源保护，严格执行《江苏省建设项目占用水域管理办法》，实行水域占用补偿、等效替代。落实湖泊渔业养殖规划，开展湖泊渔业综合治理，合理控制湖泊围网养殖面积。严格河湖采砂管理，坚决打击非法采砂行为。加大水生生物资源多样性保护和修复力度，保护挖掘河湖文化和景观资源，实现人与自然和谐发展
推动河湖水污染防治	落实《江苏省水污染防治工作方案》，明确河湖水污染防治目标任务，强化源头控制，坚持水陆兼治，统筹水上、岸上污染治理，加强排污口监测与管理。淘汰落后化工产能，推动化工企业入园进区，大幅减少化工行业向河湖污染物排放量。实施太湖一级保护区、长江沿岸重点规划区域、京杭大运河（南水北调东线）、通榆河清水通道等重点区域化工企业依法关停并转迁。开展城乡生活垃圾分类收集，推进城镇雨污分流管网、污水处理设施建设和提标改造，提高村庄生活污水处理设施覆盖率，加强水系沟通，实施清淤疏浚，构建健康水循环体系。强化农业面源污染控制，优化养殖业布局，推进规模化畜禽养殖场粪便综合利用和污染治理。深入推进港口码头和船舶污染防治，加强船舶污染应急能力建设
开展水环境综合治理	强化水环境质量目标管理，按照水功能区确定各类水体的水质保护目标，全面开展水环境治理。深入推进饮用水水源地达标建设和规范化管理，切实治理各类环境隐患，保障饮用水水源安全。加强河湖水环境综合整治，推进水环境治理网格化和信息化建设，建立健全水环境风险预警机制。结合城乡综合规划，因地制宜建设亲水生态岸线，加大黑臭水体治理力度，注重河湖水域岸线保洁，开展干线航道洁化绿化美化行动，打造整洁优美、水清岸绿的河湖水环境。以生活污水、生活垃圾处理、河道疏浚整治为重点，综合整治农村水环境，推进水美乡村、美丽库区建设
实施河湖生态修复	强化河湖生态修复和保护，禁止侵占自然河湖、湿地等水源涵养空间。有序实施退圩退田退养还湖工程，大力推进江河湖库水系连通工程建设，恢复增加水域面积。科学调度管理江河湖库水量，维持河湖基本生态用水需求，重点保障枯水期生态基本流量。强化山水林田湖系统治理，加大河湖源头区、水源涵养区、生态敏感区保护力度。加强生态保护网建设，积极推进建立生态保护补偿机制，强化水土流失综合治理，建设生态清洁型小流域，维护河湖生态环境。加强河湖湿地保护，实行湿地用途管制，保证河湖湿地资源总量不减少
强化河湖执法监督	加强河湖管理执法能力建设，加大监管力度，建立健全信息共享、定期会商、联合执法机制。有条件的设区市、县（市、区），要统筹水利、环境保护、国土资源、交通运输、渔业等部门的行政执法职能，推进流域综合执法和执法协作。强化执法巡查监管，加强对重点区域、敏感水域执法监管，对违法行为早发现、早制止、早处理。建立案件通报制度，推进行政执法与刑事司法有效衔接，对重大水事违法案件实行挂牌督办，严厉打击涉水涉湖违法犯罪活动
推进河湖长效管护	明确河湖管护责任主体，落实管护机构、管护人员和管护经费，加强河湖工程巡查、观测、维护、养护、保洁，完成河湖管理范围划界确权，保障河湖工程安全，提高工程完好率。推动河湖空间动态监管，建立河湖网格化管理模式，强化河湖日常监管巡查，充分利用遥感等信息化技术，动态监测河湖资源开发利用状况，提高河湖监管效率。开展河长制信息平台建设，为河湖管理保护提供支撑
提升河湖综合功能	统筹推进河湖综合治理，保持河湖空间完整与功能完好，实现河湖防洪、除涝、供水、航运、生态等设计功能。根据规划安排，推进流域性河湖防洪与跨流域调水工程建设；实施区域骨干河道综合治理，构建格局合理、功能完备、标准较高的区域骨干河网；推进河湖水系连通工程建设，改善水体流动条件；加固病险堤防、闸站、水库，提高工程安全保障程度

四、工作机制升级

（1）建立部门联动机制。各相关部门在河长统一领导下，各司其职、各负其责，加强协作配合，形成工作合力。对涉及多部门协作的河湖管理保护任务，由牵头部门主动推进，相关部门积极配合，协同发力。河长、河长制办公室不代替各职能部门工作。

（2）健全稳定投入机制。各级财政部门加大公共财政对河湖管理保护的投入力度，并鼓励和吸引社会资本广泛参与，建立健全多主体、多渠道、多形式、长效稳定的河长制管理投入机制。

（3）完善考核评估机制。加强河湖空间、取排水、水质、水生态、污染源等监督性监测，修订河长制考核办法和考核标准，建立由各级总河长牵头、河长制办公室组织、相关部门参加、第三方监测评估的绩效考核体系，针对不同河湖存在的主要问题，实行差异化绩效评价考核。

（4）构建奖惩挂钩机制。将考核结果运用到奖惩机制上，实行财政补助资金与考核结果挂钩，并作为地方党政领导干部综合考核评价的重要依据。实行生态环境损害责任终身追究制，对造成生态环境损害的，严格按照有关规定追究相关人员责任。

（5）引入市场运作机制。探索分级负责、分类管理的河湖管理保护模式，充分激发市场活力，加快培育环境治理、监测、维修养护、河道保洁、河道整治等市场主体，推进河湖管理保护专业化、集约化、社会化、市场化。

五、其他

江苏省组建了河长制办公室，并明确了河长及河长制办公室的工作职责。

（1）河长制办公室。省级河长制办公室设在省水利厅，承担全省河长制工作日常事务，办公室主任由省水利厅主要负责同志担任，副主任由省水利厅、省环境保护厅、省住房城乡建设厅、省太湖办分管负责同志担任，领导小组成员单位各1名处级干部作为联络员。各地（市、县、乡）根据实际，设立本级河长制办公室。

（2）工作职责。各级总河长是本行政区域内推行河长制的第一责任人，负责辖区内河长制的组织领导，协调解决河长制推行过程中的重大问题，并牵头组织督促检查、绩效考核和问责追究。副总河长协助总河长工作。

各级河长负责组织领导相应河道、湖泊、水库的管理、保护、治理工作，包括河湖管理保护规划的编制实施、水资源保护、水域岸线管理、水污染防治、水环境治理、水生态修复、河湖综合功能提升等；牵头组织开展专项检查和集中治理，对非法侵占河湖水域岸线和航道、围垦河湖、盗采砂石资源、破坏河湖及航道工程设施、违法取水排污、违法捕捞及电毒炸鱼等突出问题依法进行清理整治；协调解决河道管理保护中的重大问题，统筹协调上下游、左右岸、干支流的综合治理，明晰跨行政区域河湖管理保护责任，实行联防联控；对本级相关部门和下级河长履职情况进行督促检查和考核问责，推动各项工作落实。

河长制办公室负责组织制定河长制管理制度；承担河长制日常工作，交办、督办河长确定的事项；分解下达年度工作任务，组织对下一级行政区域河长制工作进行检查、考核和评价；全面掌握辖区河湖管理状况，负责河长制信息平台建设；开展河湖保护宣传。

各级河长、河长制办公室不代替各职能部门工作，各相关部门按照职责分工做好本职工作，并推进落实河长交办事项。

第四章

河长制考核理论和方法

科学、合理、完备的河长制考核体系是河长制能否取得成效的关键。本章紧密结合中央文件的相关要求，从考核主体与考核对象、考核内容与考核指标、考核方式和考核组织程序、考核结果运用四个方面分析了建立河长制考核机制相关理论知识与方法。

第一节 概　述

建立科学的考核机制是有效落实河长制和实现河长制工作目标的关键。《水利部办公厅关于加强全面推行河长制工作制度建设的通知》和《关于全面推行河长制的意见》明确了考核问责要重点解决的相关问题。

（1）要解决好谁考核谁的问题，即考核主体和考核对象的问题。《关于全面推行河长制的意见》规定县级及以上的河长负责组织对相应河湖的下一级河长进行考核。《水利部办公厅关于加强全面推行河长制工作制度建设的通知》中明确指出，考核问责，是上级河长对下级河长，地方党委、政府对同级河长组成部门履职情况进行考核问责。

（2）要解决考核什么的问题，即考核内容的制定和考核指标的设立。《关于全面推行河长制的意见》规定，河长对相关部门和下一级河长履职情况进行督导，对目标完成情况进行考核，强化激励问责。主要是考核推行河长制的进展情况，如《关于全面推行河长制的意见》规定的六大任务和推行河长制的成效。各地区的考核办法应体现问题导向性原则，各地区应根据河湖管理实际情况和面临问题因地制宜制定具体的考核办法。

（3）要解决怎么考核的问题，即考核的组织与考核方式。河长制考核应在河长的统一领导下，由相应的河长制办公室组织实施，考核可以采用日常考核、自查评分与综合评价相结合的方式对河长制工作的推进情况进行综合考评。

（4）解决考核结果怎么用的问题。《关于全面推行河长制的意见》指出，将领导干部自然资源资产离任审计结果及整改情况作为考核的重要参考；考核结果作为地方党政领导干部综合考核评价的重要依据；实行生态环境损害责任终身追究制，对造成生态环境损害的，严格按照有关规定追究责任。除此之外，对于河长制考核优秀的应予以奖励，《水利部办公厅关于加强全面推行河长制工作制度建设的通知》明确规定要有激励制度，主要是通过以奖代补等多种形式，对成绩突出的地区、河长及责任单位进行表彰奖励，应明确激励形式、奖励标准等。

《关于全面推行河长制的意见》《贯彻落实〈关于全面推行河长制的意见〉实施方案》

《水利部办公厅关于加强全面推行河长制工作制度建设的通知》对监督考核提出了明确要求。

《关于全面推行河长制的意见》指出：坚持强化监督、严格考核。依法治水管水，建立健全河湖管理保护监督考核和责任追究制度。建立河长工作督察制度，对河长制实施情况和河长履职情况进行督察。根据不同河湖存在的主要问题，实行差异化绩效评价考核，将领导干部自然资源资产离任审计结果及整改情况作为考核的重要参考。县级及以上河长负责组织对相应河湖下一级河长进行考核，考核结果作为地方党政领导干部综合考核评价的重要依据。实行生态环境损害责任终身追究制，对造成生态环境损害的，严格按照有关规定追究责任。

《贯彻落实〈关于全面推行河长制的意见〉实施方案》明确要求：①完善工作机制。建立工作督察制度，对河长制实施情况和河长履职情况进行督察。建立考核问责与激励机制，对成绩突出的河长及责任单位进行表彰奖励，对失职失责的要严肃问责。建立验收制度，按照工作方案确定的时间节点，及时对建立河长制进行验收。②强化监督检查。各地要对照《关于全面推行河长制的意见》以及工作方案，检查督促工作进展情况、任务落实情况，自觉接受社会和群众监督。水利部、环境保护部将定期对各地河长制实施情况开展专项督导检查。③严格考核问责。各地要加强对全面推行河长制工作的监督考核，严格责任追究，确保各项目标任务有效落实。水利部将把全面推行河长制工作纳入最严格水资源管理制度考核，环境保护部将把全面推行河长制工作纳入水污染防治行动计划实施情况考核。

《水利部办公厅关于加强全面推行河长制工作制度建设的通知》要求尽快出台中央明确要求的工作制度，包括：①工作督察制度，主要任务是对河长制实施情况和河长履职情况进行督察，应明确督察主体、督察对象、督察范围、督察内容、督察组织形式、督察整改、督察结果应用等内容。②考核问责和激励制度，考核问责，是上级河长对下一级河长，地方党委、政府对同级河长制组成部门履职情况进行考核问责，包括考核主体、考核对象、考核程序、考核结果应用、责任追究等内容。③激励制度，主要是通过以奖代补等多种形式，对成绩突出的地区、河长及责任单位进行表彰奖励，应明确激励形式、奖励标准等。

第二节　考核主体和考核对象

一、相关规定

《关于全面推行河长制的意见》指出，县级及以上河长负责组织对相应河湖下一级河长进行考核。《水利部办公厅关于加强全面推行河长制工作制度建设的通知》中指出，考核问责是上级河长对下一级河长，地方党委、政府对同级河长制组成部门履职情况进行考核问责。

《关于全面推行河长制的意见》指出，全面建立省、市、县、乡四级河长体系。各省（自治区、直辖市）设立总河长，由党委或政府主要负责同志担任；各省（自治区、直辖市）行政区域内主要河湖设立河长，由省级负责同志担任；各河湖所在市、县、乡均分级分段设立河长，由同级负责同志担任。县级及以上河长设置相应的河长制办公室，具体组成由各地根据实际确定。

结合河长制组织体系和《关于全面推行河长制的意见》《水利部办公厅关于加强全面推行河长制工作制度建设的通知》等文件，河长制考核可以分为三类：一是上级总河长对下级总河长的考核；二是上级河长对相应河湖下一级河长的考核；三是地方党委、政府对同级河长制组成部门的考核。从省级层面来讲，具体分别为省级总河长对市级总河长的考核、各主要河湖省级河长对相应河湖市级河长的考核，省级党委、政府对水利厅、环保厅等河长制办公室组成部门的考核。

三类考核指标也有所侧重和不同，下面分别展开探讨。

二、上级总河长对下级总河长的考核

上级总河长对下级总河长的考核，从省级层面来讲，即省级总河长对市级总河长的考核，主要对下级总河长履职情况和任务完成情况进行考核，其中任务完成情况应针对行政区域设立指标体系，主要指标包括省总河长、省副总河长、省级河长部署事项落实情况；年度工作任务完成情况；督察督办事项落实情况；工作制度建立和执行情况；工作机制建立和运行情况等。

上级总河长对下级总河长的考核不等同于上级政府对下级政府的考核，上级总河长对下级总河长的考核属于对个人工作进行考核，上级政府对下级政府的考核属于对机构工作进行考核。从中央文件的要求、河长制的本质以及河长制的实施效果来讲，河长制考核应是对河长个人进行考核，而非对政府进行考核。目前，一些地方出台的省级河长制考核办法中将考核主体和考核对象定位为省级政府对各市（县）政府进行考核，如《山西省河长制工作考核问责和激励制度（试行）》指出，考核对象为各市人民政府，省直有关单位。《安徽省全面推行河长制 2017 年度省级考核验收办法》明确指出，考核验收对象为各市、省直管县。《江西省河长制工作考核问责办法》指出，考核对象为各设区市、县（市、区）人民政府。《福建省河长制工作考核制度》规定，考核对象为各设区市人民政府、平潭综合实验区管委会。《宁夏回族自治区全面推行河长制工作考核管理办法（试行）》适用于自治区对市级河长制年度工作考核。这些省和自治区河长制考核均是上级政府对下级政府进行考核，其考核主体和考核对象与中央文件要求有所偏差，应进一步完善。

三、上级河长对相应河湖下一级河长的考核

上级河长对相应河湖下一级河长的考核，从省级层面来讲，即省级河长对相应河湖市级河长的考核，主要对下级河长履职情况和任务完成情况进行考核，其中任务完成情况应该是针对河湖设立指标体系，主要包括省总河长、省副总河长、省级河长部署事项落实情况；省级重要河湖年度工作任务完成情况；督察督办事项落实情况等。比如北京市出台的《河长制工作考核制度》明确该制度适用于市级河长对区级河长的考核，是比较符合中央文件要求的。

上级总河长对下级总河长考核与上级河长对相应河湖下一级河长考核，两者之间并非是独立的、无影响的，而是相辅相成、相互影响的。上级总河长对下级总河长的考核实质上对下级辖区的所有河湖进行考核，包括跨区域河湖、区域内河湖等，上级河长对相应河湖下级河长的考核是对上级河长管辖跨区域河道的各个河段相应的下一级河长进行考核，因此上级河长对相应河湖下级河长的考核结果可作为上级总河长对下级总河长考核的重要参考和依据。

四、地方党委、政府对同级河长制组成部门的考核

地方党委、政府对同级河长制组成部门的考核，从省级层面来讲，即省级党委、政府对省级河长制办公室组成部门进行的考核，主要对其责任范围内的履职情况进行考核，主要包括省总河长、省副总河长、省级河长部署事项落实情况；工作责任落实情况；目标任务完成情况；督办事项落实情况；信息报送情况；牵头部门专项实施方案制定和实施情况等。各地各级河长制组成部门不尽相同，各部门的职责也有所区别，所以各地区党委、政府对河长制组成部门的考核指标应该因地制宜，根据其职责具体制定。

五、各地考核主体和考核对象分析

目前已出台的有关省级河长制考核制度中，大部分省市未完全按照中央文件要求将河长制考核分为省级总河长对市级总河长考核，省级河长对相应河湖市级河长考核，省级党委、政府对河长制办公室组成部门考核。只有少部分地区出台了涵盖三类考核主体和考核对象的河长制考核办法，如《山东省河长制工作省级考核办法》中，根据被考核对象不同，考核工作分为省总河长（或省副总河长）对市级总河长的考核、省级河长对相应河湖涉及的市级河长进行考核和省总河长（或省副总河长）对省河长制办公室成员单位的考核。大部分省份只出台了其中的一类或两类考核办法，如《北京市河长制工作考核制度》只适用于市级河长对区级河长的考核，《广东省全面推行河长制工作考核办法（试行）》只适用于省级总河长对各地级以上市总河长（含第一总河长、副总河长）、省级流域河长对其流域内各地级以上市流域河长的考核。这些地方应加紧研究完善河长制考核办法，尽快制定出涵盖三类考核主体和考核对象的考核办法。

除此之外，部分地区出台的河长制考核办法中，考核主体和考核对象未完全明确，甚至存在考核主体和考核对象对应不准确等情况。例如某省的河长制工作考核问责和激励制度指出，考核对象为各市人民政府、省直有关单位，考核工作由省河长制办公室组织，省直有关单位按照职责分工考核各市人民政府，省直有关单位间采取交叉考核。从该省的考核办法中可以看出，考核是省直单位对市人民政府进行考核，省直单位之间交叉互评，从行政层级来说省直单位不具备对市人民政府考核的权利，各省直单位也不应以互评的方式直接评价各相关单位河长制工作的落实情况，应该是省级党委、政府对河长制办公室组成的省直单位进行考核，而省直单位之间交叉评价作为考核的参考，也就是说考核主体和考核对象是固定的，考核办法和手段上可以灵活调整。

为保障政令畅通，上行下效，市级河长制考核办法很容易受省级考核办法的影响，省级河长制考核办法只有在与中央文件要求保持高度一致的前提下，才能为下一级河长制考核制度提供科学、正确引导。目前已出台的部分市级河长制考核办法中，《咸阳市河长制工作考核办法（试行）》考核对象为市直各相关部门、直属机构，各县市区党委、政府；《六盘水市全面推行河长制工作考核暂行办法》考核对象为市级河长、市直各责任单位和各县（市、区、特区）。这些考核办法中的考核对象和考核主体不够规范，与中央文件精神要求还存在一定差距，需及时修订完善。

第三节 考 核 内 容

《关于全面推行河长制的意见》指出，各级河长对相关部门和下一级河长履职情况进行督导，对目标任务完成情况进行考核。也就是说，考核内容至少应包括河长履职情况、任务完成情况两大块。河长制的履职情况即河长体系和工作机制建设情况，包括设立河长组织体系建设与责任落实、出台工作方案、开展舆论宣传、落实相关经费、工作制度的制定、河道巡查等情况，在设立考核指标时，可将这六大方面设为一级指标，然后对各项指标进行细化，分别设立二、三级指标。河长制主要任务的完成情况，主要根据各地河长制实施意见和工作方案中规定的任务而设立考核指标，以中央出台的《关于全面推行河长制的意见》中规定的"水资源管理、水域岸线管理、水污染防治、水环境治理、水生态修复、执法监管"六项任务为例，在设立考核指标时，可将这六大任务设为一级指标，然后对各项任务进行细化，分别设立二、三级指标。

针对不同的考核主体和考核对象，三类考核的内容侧重点也有所不同。第一类上级总河长对下级总河长的考核，考核内容主要包括河长制体制机制建设、河长履职、任务完成情况；第二类上级河长对相应河湖下一级河长的考核，主要对下级河长履职情况和任务完成情况进行考核；第三类地方党委、政府对同级河长制组成部门的考核，主要对其责任范围内的履职情况和任务完成情况进行考核。

在对不同级别河长考核时，考核内容侧重点也有所差异。比如对乡、村级河长的考核，其巡查工作情况应作为主要考核内容；对市、县级河长的考核，其督促相关主管部门处理、解决责任水域存在问题和查处相关违法行为情况应作为主要考核内容。

第四节 考 核 指 标

一、考核指标设立原则

《关于全面推行河长制的意见》指出，根据不同河湖存在的主要问题，实行差异化绩效评价考核。所以在考核指标设置时，应坚持导向性、差异性和动态性，也就是说，应以顶层制度设计为导向，注重地区与河湖差异性，以阶段性目标和任务为要点，定性指标与定量指标相结合，保证考核结果的客观、公正。

1. 以顶层制度设计为导向

科学的指标体系是保障考核有效性的前提。构建科学的河长制考核指标体系，首要关键是明确河长制的总体目标和主要任务。在一级指标选取时，应充分考量《关于全面推行河长制的意见》的指导思想、总体目标、基本原则、主要任务等内容，按照中央关于推进河湖管理和保护的顶层设计方案，使指标体系的结构内容与中央的目标任务保持方向上的高度契合。在一级指标设计时，应重点把建立河长制组织领导体制、推进水治理保护规划和制度建设、健全河长制管理体制和工作机制、加强水资源保护、强化河湖水域岸线管理保护、提升水污染防治水平、系统推进水环境治理、加强水生态修复等主要任务指标化，确保指标涵盖河长制实施运行的关键领域，建构起具有引领性、协调性、系统性的一级指标体系。

2. 以地区水治理实践为基础，注重地区与河湖差异性

在二、三级指标设计时，必须坚持问题导向和因地制宜的原则。其一，各地应在兼顾顶层设计的基础上，立足本地区水治理的实际，结合各级河长水治理过程中规划制定、制度建设、事项决策、任务部署、工作指导、环节协调、问题督察、案件督办、事故问责等岗位职责，对不同地区不同河湖区域采用差异化对待和差异化考核的方法，保证考核的实效性和公平性。如小微水体污染比较严重的地区，可选择设定省、市、县、乡镇、村五级考核对象，把考核内容延伸至沟、渠、塘等小微水体；有的地区面临严重的侵占、围垦河湖问题，可选择重点考核河湖清理整治和恢复水域岸线生态功能等内容，并增加权重赋值。其二，根据一级指标及与之相对应的具体任务，对二、三级指标进行分类细化，明确各指标的名称、含义、范围、计算方法和制约关系等。

3. 以阶段性目标和任务为要点，动态调整考核指标及赋分权重

河长制各个阶段的任务和工作要点不同，河长制考核应与年度河长制工作要点、阶段任务相衔接。根据考核情况和阶段性目标、重点工作，对指标进行实时检查、分析、反馈和调整，保障考核指标体系的整体动态优化和赋分权重的科学合理。比如，在建立河长工作制初期，考核的重点在于建立河长制组织领导体制、推进水治理保护规划和制度建设、健全河长制管理体制和工作机制等考核指标的落实情况，而对加强水资源保护、强化河湖水域岸线管理保护、提升水污染防治水平、系统推进水环境治理、加强水生态修复等考核指标的权重不宜过高。但随着河长制工作的不断推进，就要不断加大对加强水资源保护、强化河湖水域岸线管理保护、提升水污染防治水平、系统推进水环境治理、加强水生态修复等考核指标的赋分权重，以建设绿水青山美丽中国目标为导向，确保河长制工作取得实效。

4. 定量考核与定性考核相结合

在考核方式选择上，应以定量考核为主，对于能量化的指标通过量化方式直接进行评价。对于难以量化的指标，可采用一定方法处理，将定性指标的考核标准进行量化处理。如设置管辖河面无漂浮物、岸坡无垃圾指标，对发现河道、岸坡漂浮物、垃圾等污染物一处设置扣除一定量分数的考核标准，使定性考核与定量考核相互转化衔接。同时，应重点引入民意调查机制，面向公众开展河长制实施情况的满意度测评，提高公众对水治理工作的责任意识和参与意识。

除了上述原则外，在设立考核指标时，尤其对省直单位的考核，应遵循权责相应的原则，明确各项指标细化后的责任单位，方便各责任单位的自查和整改。

二、考核指标建立

1. 上级总河长对下级总河长的考核

上级总河长对下级总河长的考核，从省级层面来讲，即省级总河长对市级总河长的考核，主要对总河长履职情况和任务完成情况进行考核，其中任务完成情况应针对行政区域设立指标体系。地方总河长是区域内所有河湖的第一负责人，应对区域内所有河湖负责，对整个地区的河长制工作的建立与推进情况负责，同时也要督促各河湖河长落实好其职责范围内的管理工作。在设立考核指标时，应从河长制体制机制的建设、河长制履职以及年

度工作任务的完成情况入手，河长制机制的建设与落实可以考虑河长制组织体系建设、河长制工作方案出台情况、河长制工作制度建立、河长制工作机制建立等方面入手，河长履职应从河长巡查、年度计划落实、对下一级河长督察和考核、问题督办与投诉处理、河长会议落实等方面开展，年度工作任务各地区有所区分，以《关于全面推行河长制的意见》中的任务为例，可以从水资源保护、河湖水域岸线管理保护、水污染防治、水环境治理、水生态修复、执法监管等方面开展。

2. 上级河长对相应河湖下一级河长的考核

上级河长对相应河湖下一级河长的考核，从省级层面来讲，即省级河长对相应河湖市级河长的考核，主要对下级河长履职情况和任务完成情况进行考核，其中任务完成情况应该是针对河湖设立指标体系。河湖河长是所管辖河湖的直接负责人，要对管辖河湖的各项工作负责，还应对相应河湖上一级河长以及河湖所在区域的总河长负责。在设立考核指标时，应从河长制履职和河湖年度工作任务完成情况两方面入手，河长制履职可以从本地区总河长、河湖相应上级河长部署事项落实情况、"一河一策"治理方案、河长公示牌设立、宣传引导、工作机制的落实等方面开展，河湖年度工作任务视具体河湖有所区分，但是应与该地区"河长制实施意见"中的河长制工作任务保持一致，以《关于全面推行河长制的意见》中的任务为例，可以从水资源保护、河湖水域岸线管理保护、水污染防治、水环境治理、水生态修复、执法监管等方面开展。但值得注意的是，此处的河湖年度工作任务中各项指标应针对河湖设立，而上级总河长对下级总河长考核中的年度工作任务针对行政区域设立。

3. 地方党委、政府对同级河长制组成部门的考核

地方党委、政府对同级河长制组成部门的考核，从省级层面来讲，即省级党委、政府对省级河长制办公室组成部门进行考核，主要对其责任范围内的履职情况进行考核，主要包括省总河长、省副总河长、省级河长部署事项落实情况，工作责任落实情况，目标任务完成情况，督办事项落实情况，信息报送情况，牵头部门专项实施方案制定和实施情况等。在设立考核指标时，可以参考第三章第一节中"各相关部门和单位的工作职责"相关内容。

除此之外，在设立考核指标时，不仅要考虑考核主体和考核对象的不同，还应考虑对不同级别河长考核时，考核侧重点也应根据各级河长制职责和河湖具体情况的差异具体确定。

三、考核结果评定

在确定考核内容并科学、客观设立考核指标后，应合理认定考核结果。河长制考核属于自上而下的工作评价，在选择考核评价方法时，应尽量采用易于量化、简单直接的评价办法，方便考核机构组织实施。

评价方法一般可以采用简单的百分制评分法，以得分高低作为河长制工作考核的结果，供上级河长及主管部门掌握河长制工作推进情况。河长制工作考核应该以满分为目标，注重排名顺序，鼓励先进，鞭策落后。也可将评价结果分为"优秀""良好""合格""不合格"四个等级。

在认定考核结果时，应正确评估各级河长显在政绩与潜在政绩、短期政绩与长远政

绩、主观努力与客观制约等要素之间的关系，并结合日常考核、民意测评、奖惩情况、重大水治理事件等信息材料进行汇总评估，在此基础上科学认定河长制工作考核的最终得分，并进行综合排名。

四、一票否决

在设立一般性考核指标的基础上，还可以考虑加上一票否决制，例如发生如下情况可直接认定为"不合格"：①发生重、特大水污染事件或对重、特大水污染事件处置不力的；②考核过程中弄虚作假的；③伪造数据资料的。

各地区也可根据实际情况和阶段性工作重点设立一票否决指标。宁夏回族自治区对发生重、特大水污染事件处置不力的，市级重点河湖水质年度目标没有实现的，考核中发现弄虚作假及篡改、伪造数据等严重问题的，直接评定为"不合格"等次。广东省对出现以下情况之一的，直接判定为"不合格"：①报送考核数据资料弄虚作假；②饮用水水源保护区突发水环境事件应对不力，严重影响供水安全，造成社会不良影响；③存在对投诉人、控告人、检举人打击报复的；④行政区内一半以上市级流域河长考核结果不及格的，总河长考核结果为不合格。江苏省对出现重大涉水安全水污染责任事故或出现设计标准内溃堤事件的，直接判定为"不合格"。浙江省对未完成剿劣任务或者新出现劣Ⅴ类水质断面的、未能全面完成《浙江省水污染防治行动计划》年度考核目标任务、当年发生重大水环境污染、重大供水安全事件、重大水利工程质量事故累计达2次、所辖区域被中央媒体曝光累计达2次，直接判定为"不合格"。山东省对发生以下情况直接判定为"不合格"：①涉河湖范围内发生重大环境事件；②重要饮用水水源地发生水污染事件应对不力，严重影响供水安全；③违反相关法律法规，不执行水量调度计划，情节严重的；④干预、伪造考核数据、资料，人为干扰考核工作的；⑤纪检、监察、审计等发现违法问题，情况严重的。

第五节　考核方式和组织程序

一、考核方式

考核方式一般采用考核对象自查评分与考核机构组织考核组现场检查考核相结合的方式进行，由上级河长制办公室组织制定考核办法，对下级河长或河长制办公室组成部门进行考核。

二、考核组织程序

河长制工作考核，一般应在上一级总河长、副总河长、河长的领导下，由上级河长制办公室组织协调，制定具体考核办法，实施对下一级河长或河长制办公室组成部门进行考核。具体如下。

（1）根据河长制年度工作要点，河长制办公室负责制定年度考核方案，报总河长会议研究审定。方案主要包括考核指标、考核评价标准及分值、计分方法及时间安排等。

（2）对下一级总河长、相应河湖下一级河长，一般是要求对所负责的河湖和辖区河长制实施情况进行自评，同级地方党委、政府对责任单位进行考核，报同级河长制办公室备核。

（3）同级河长制办公室在河长、副河长和河长的领导下，牵头组织有关责任部门，成立考核组，考核组和同级责任单位根据分工开展考核，总河长和河长审定。具体考核组织和程序应根据地区实际情况予以确定。

第六节 考核结果运用

考核结果评定之后，考核机构应做实做细"一河一档""一湖一档"工作，对各级河长履职情况进行实时档案记载。同时，对各级河长以及河长制组成部门的考核结果，应该在一定范围内进行通报，也可根据情况需要，通过广播、电视、报刊、网络等形式向社会公示，接受社会监督，以增强考核的透明度和实效性。此外，还要根据考核结果落实奖惩制度，对问题严重的情况实施问责。

一、一般规定

《关于全面推行河长制的意见》强调要强化考核问责。根据不同河湖管理中存在的主要问题，实行差异化绩效评价考核，将领导干部自然资源资产离任审计结果及整改情况作为考核的重要参考。县级及以上河长负责组织对相应河湖下一级河长进行考核，考核结果作为地方党政领导干部综合考核评价的重要依据。实行生态环境损害责任终身追究制，对造成生态环境损害的，严格按照有关规定追究责任。以下几个方面是中央规定的要求。

（1）与离任审计挂钩。2017年6月26日，中央全面深化改革领导小组第三十六次会议召开，通过了《领导干部自然资源资产离任审计暂行规定》。河湖作为自然资源（水资源、生物资源、国土资源、能源资源）的重要载体和生态文明建设的重要组成部分，应重视河长制考核结果。进行河长制考核时，不仅要把上一任领导干部的自然资源资产离任审计结果作为下一任领导干部河长制考核的重要参考，还应将领导干部任期内河长制的考核结果纳入领导干部自然资源资产离任审计的考核体系，作为离任审计的重要参考。

（2）整改情况作为考核的重要参考。通过河长制考核，发现河长履职工作的不到位及任务完成的不及时情况，明确下一步整改工作的要点，督促河长更好地落实职责。同时，进行下年度河长制考核时，要着重参考上年度考核后的整改情况，无整改或整改后仍有重大问题的，本年度考核直接为"不合格"，整改后工作明显提升，本年度考核可在考核结果上予以偏"优"考虑。

（3）党政领导干部综合考核评价的重要依据。河长制要发挥"风向标""指挥棒"的作用，将河长制考核结果抄送组织人事处，将河长制履职情况列入年终述职内容，将考核结果纳入政绩考核指标体系，使其与各级党政领导的评先表优、职务任免、职级升降、交流任用、奖励惩处直接挂钩，作为推进干部能上能下的重要依据。对治理实绩突出者，应予以通报表扬和大力表彰；对先进典型和创新经验，应加大宣传推广力度；在班子个别调整、换届及公选领导干部中，原则上予以优先提拔任用。对考核不合格者，应进行约谈或批评教育，限期说明与整改；经认定确属不能胜任者，应坚决予以调整岗位，在特定时间段内不得提拔使用。

（4）问责。对因工作不到位发生严重环境污染和生态破坏事件，或者对事件处置不力者，采用"一票否决"，区分情况采取责令免职、辞职、降职和党纪政纪处分等惩戒措施。

对造成生态环境和资源严重破坏者，应进行追溯调查，严格实行生态环境损害责任终身追究制。

（5）激励奖励。《水利部办公厅关于加强全面推行河长制工作制度建设的通知》指出：激励制度，主要是通过以奖代补等多种形式，对成绩突出的地区、河长及责任单位进行表彰奖励，应明确激励形式、奖励标准等。北京市、江苏省、浙江省考虑对于考核优秀者，予以激励表扬；宁夏回族自治区对于考核优秀者，项目安排上予以优先考虑。郑州市对于成绩突出的河长及责任单位，将被列入河南省"红旗渠精神杯竞赛"活动考核内容，纳入郑州市"中州杯竞赛活动"一并表彰。各地也可根据实际情况选择适合本地区的激励奖励形式，但是目前很多地区虽已明确了奖励形式，却只有少部分地区（如山西省等）给出了奖励标准，这一点还需要进一步研究实践。

（6）纳入最严格水资源管理制度、水污染防治行动计划实施情况的考核。水利部、环境保护部《贯彻落实〈关于全面推行河长制的意见〉实施方案》明确指出，水利部将把全面推行河长制工作纳入最严格水资源管理制度考核，环境保护部将把全面推行河长制工作纳入水污染防治行动计划实施情况考核。浙江省、四川省、安徽省等省份已把考核结果纳入"最严格水资源管理制度考核"和"水污染防治行动计划"等专项考核中去。

二、其他方面应用

考核结果除了上述的一般应用外，还可以结合当地工作实际用于其他方面。浙江省将河长制落实情况纳入"五水共治"、美丽浙江建设的考核体系；江西省将河长制工作有重点任务的省级责任单位的相关工作内容纳入年度绩效管理指标体系和市、县、乡科学发展综合考核评价体系；四川省将河长制考核纳入各地党委、政府目标绩效考核；广东省将河长制考核结果作为省直责任单位绩效评价的重要依据，将考核结果作为党政领导班子及有关成员综合考核评价的重要依据；北京市将河长制考核纳入16区经济社会实绩考核评价体系，作为考核评价班子和干部的重要依据。

此外，考核结果可以考虑发布考核结果、接收社会监督和评奖评优等一般运用。

第五章

河长制工作督察制度与河长巡查制度

河长制工作督察制度、河长巡查制度是与河长制考核制度密切相关的两项河长制工作制度。本章探究了建立河长制工作督察制度、河长巡查制度的要点与方法，并分析论述了河长制工作督察制度、河长巡查制度与河长制考核制度的关系。

第一节　河长制工作督察制度

《水利部办公厅关于加强全面推行河长制工作制度建设的通知》中明确指出，根据《关于全面推行河长制的意见》《贯彻落实〈关于全面推行河长制的意见〉实施方案》，各地需抓紧制定并按期出台河长会议、信息共享、工作督察、考核问责和激励、验收等制度。可以看出，河长制工作督察制度是中央明确要求出台的河长制工作制度之一。另外，该通知同时指出，建立工作督察制度，主要任务是对河长制的实施情况和河长制履职情况进行督察，应明确督察主体、督察对象、督察范围、督察内容、督察组织形式、督察结果运用等内容。

一、督察主体和对象

2016年12月，水利部、环境保护部印发《贯彻落实〈关于全面推行河长制的意见〉实施方案》明确指出，水利部、环境保护部将定期对各地河长制实施情况开展专项督导检查。从以上可以看出，河长制工作督察从国家层面上主要分为：水利部对各地河长制实施情况进行督察和环境保护部对各地河长制实施情况进行督察。

河长制工作督察目的在于确保河长制的落实到位，因此推进河长制实施涉及的相关单位或个人均应被纳入河长督察之中，根据河长体系，从省级层面来讲，河长制工作督察主体和对象可以分为：省级总河长对市级总河长督察、省级河长对相应河湖的市级河长督察、省级相关责任单位分别对市级相关责任单位督察。

《山东省河长制工作省级督察督办制度》规定：省级重要河湖专项督察由省级河长联系单位负责组织协调，有关成员单位参与。督察对象为下级总河长、副总河长、河长和河长制办公室。

《江西省河长制工作督察制度》规定督察对象为：各设区市、县（市、区）人民政府；各设区市、县（市、区）河长制办公室；各设区市、县（市、区）河长制相关责任单位。

《安徽省全面推行河长制工作督察制度（试行）》指出，督察分为省级河长督察、省河长制办公室督察和省级河长会议成员单位督察。

《江苏省河长制省级督察制度》规定，督察的类别可以分为：①河长督察。省级总河长、副总河长对市级总河长、副总河长进行督察，省级河长对市级相应河段的河长进行督察。②省河长制工作领导小组督察。根据省领导小组组长或副组长要求，组建督察组，对市级河长制工作、省领导小组成员单位河长制工作进行督察。③省河长制工作领导小组成员单位督察。省河长制工作领导小组成员单位根据职责分工对市级相关工作进行督察。④省河长制工作办公室督察。省河长制工作办公室对市级河长制办公室工作进行督察。

二、督察范围和内容

《关于全面推行河长制的意见》中明确指出，建立河长会议制度、信息共享制度、工作督察制度，协调解决河湖管理保护的重点难点问题，定期通报河湖管理保护情况，对河长制实施情况和河长履职情况进行督察。

《贯彻落实〈关于全面推行河长制的意见〉实施方案》明确指出，建立工作督察制度，对河长制实施情况和河长履职情况进行督察。各地要对照《关于全面推行河长制的意见》《贯彻落实〈关于全面推行河长制的意见〉实施方案》，检查督促工作进展情况、任务落实情况，自觉接受社会和群众监督。

可以看出，河长制工作督察主要包括两个大方面：河长履职情况以及河长制实施情况。具体而言，主要有河长制有关文件的落实、河长履职、实施方案出台、河湖名录确定、组织体系建立、制度建立和执行、信息平台建设、任务实施、整改落实等情况。

《水利部全面推行河长制工作督导检查制度》明确指出，督导检查以下内容。

（1）河湖分级名录确定情况。各省（自治区、直辖市）根据河湖的自然属性、跨行政区域情况以及对经济社会发展、生态环境影响的重要性等，提出需由省级负责同志担任河长的河湖名录情况，市、县、乡级领导分级担任河长的河湖名录情况。

（2）工作方案制定情况。各省（自治区、直辖市）全面推行河长制工作方案制定情况、印发时间，工作进度、阶段目标设定、任务细化等情况。北京、天津、江苏、浙江、安徽、福建、江西、海南等已在全省（直辖市）范围内实施河长制的地区，2017年6月底前出台省级工作方案；其他省（自治区、直辖市）在2017年年底前出台省级工作方案。各省（自治区、直辖市）要指导、督促所辖市、县出台工作方案。

（3）组织体系建设情况。包括：省、市、县、乡四级河长体系建立情况，总河长、河长设置情况，县级及以上河长制办公室设置及工作人员落实情况；河湖管理保护、执法监督主体、人员、设备和经费落实情况；以市场化、专业化、社会化为方向，培育环境治理、维修养护、河道保洁等市场主体情况；河长公示牌的设立及监督电话的畅通情况等。

（4）制度建立和执行情况。河长会议制度、信息共享和信息报送制度、工作督察制度、考核问责制度、激励机制、验收制度等制度的建立和执行情况。北京、天津、江苏、浙江、安徽、福建、江西、海南等已在全省（直辖市）范围内实施河长制的地区，力争2017年年底前制定出台相关制度及考核办法；其他省（自治区、直辖市）力争2018年6月底前制定出台相关制度及考核办法。

（5）河长制主要任务实施情况。水资源保护、水域岸线管理保护、水污染防治、水环境治理、水生态修复、执法监管等主要任务实施情况；信息公开、宣传引导、经验交流等工作开展情况。

（6）整改落实情况。中央和地方各级部门检查、督导发现问题以及媒体曝光、公众反映强烈问题的整改落实情况。

具体督导检查内容可根据督导检查地区河湖管理和保护的实际情况有所侧重。

《山东省河长制工作省级督察督办制度》指出，督察的主要内容包括：省总河长、省副总河长、省级河长部署事项落实情况；下级总河长、副总河长、河长履职情况；下级河长制办公室日常工作开展情况；河湖管理和保护年度任务完成情况；河长制实施成效等。

《江西省河长制工作督察制度》指出，督察内容如下。

（1）贯彻落实情况。省级总河长会议、省级河长会议及省级联席会议等会议精神，省级河长及地方各级领导相关指示精神的贯彻落实情况；各地结合实际，对《中共江西省委办公厅　江西省人民政府办公厅印发〈关于以推进流域生态综合治理为抓手打造河长制升级版的指导意见〉的通知》（赣办发〔2017〕7号）精神的落实情况；各级河长履职情况。

（2）基础工作情况。各地方案修订出台，河湖名录确定，"一河一策""一河一档"的建立，组织体系建立，相关制度完善，信息平台建设，河长制办公室设置及人员经费落实、河长制宣教等基础性工作。

（3）任务实施情况。统筹河湖保护管理规划、落实最严格水资源管理制度、加强水污染综合防治、加强水环境治理、加强水生态修复、加强水域岸线管理保护、加强行政监管与执法、完善河湖保护管理制度及法规八项任务的实施情况。

（4）整改落实情况。省级和地方各级部门检查、督导发现问题以及媒体曝光、公众投诉举报问题的整改落实情况；各责任单位牵头的"清河行动"中问题整改落实情况；省河长制办公室督办问题的整改情况等。

《安徽省全面推行河长制工作督察制度（试行）》指出，有以下督察内容。

（1）工作方案制定及实施情况。全面推行河长制工作方案制定情况、河湖分级名录确定情况及工作方案实施情况。

（2）河长制任务推行实施情况。水资源保护、河湖水域岸线管理保护、水污染防治、水环境治理、水生态修复、执法监管等主要任务实施情况。

（3）"一河（湖）一策"推行情况。坚持问题导向，因河因湖制宜，制定主要河湖"一河（湖）一策"实施方案情况，按照管理保护目标任务要求分类精准施策，着力解决河湖管理保护突出问题的情况。

（4）河长制组织体系和工作机制的建设及运行情况。河长体系建立情况，河长会议成员单位及职责落实情况，市、县河长制办公室设置及工作人员落实情况，河长会议制度、信息共享制度、工作督察制度、考核验收办法等制度的建立和执行情况。

（5）特定事项或任务实施情况。省级总河长、副总河长，省级河长批办事项落实情况，省级总河长会议、省级河长例会、省级河长专题会议决策部署和决定事项的贯彻落实情况，上级部门检查、督导发现问题以及媒体曝光、社会关切问题的整改落实情况。

《江苏省河长制省级督察制度》中，督察内容包括：①中央和省关于河长制工作的重大决策、重要部署、重要会议和文件的贯彻落实；②中央和省全面推行河长制各项任务的贯彻落实情况；③中央和省河长制会议决定的重大事项落实情况；④河长制年度目标任务的落实情况；⑤省级总河长、副总河长、河长批示的贯彻落实情况；⑥河长履职情况及河长巡查发现问题的落实整改情况；⑦群众举报、媒体反映、政府热线移办的相关事项落实情况；⑧其他河长制工作需要督察的事项。

《江苏省河长制省级督察制度》针对不同的督察类别，明确了各类督察的重点：①河长督察的重点。包括市总河长、副总河长、河长履职情况，各地河长制工作的总体情况和取得的成效，省级河长相应河段河道管护的总体情况和取得的成效。②省河长制工作领导小组督察的重点。包括各地河长制工作的具体情况，年度目标任务的制定和完成情况；省河长制工作领导小组成员单位职责落实和任务完成的情况。③省河长制工作领导小组成员单位督察的重点。包括各地各职能部门职责落实和任务完成情况。④省河长制工作办公室督察的重点。包括各市河长制办公室对河长制相关制度制定和执行的情况；日常工作开展情况；巡查、考核等阶段性重点工作开展情况。

三、督察组织形式

通常，河长制工作督察应由河长制办公室组织协调、实施，河长制办公室相关成员单位参与。

《水利部全面推行河长制工作督导检查制度》对组织形式和分工予以规定：由水利部领导牵头、司局包省、流域包片，水利部直属有关单位参加，对责任区域内各省（自治区、直辖市）推行河长制工作进行督导检查。水利部推进河长制工作领导小组办公室具体承担督导检查的协调工作。

《山西省河长制工作督察制度（试行）》对组织形式予以规定：由省河长制办公室牵头，省直相关单位参与，组成督察组，对各市委、市政府推行河长制工作情况进行督察。省河长制办公室具体负责督察工作的组织与协调。

《江西省河长制工作督察制度》对督察组织予以以下规定。

（1）根据省级河长指示要求，由省委、省政府、省人大、省政协或省河长制办公室牵头开展以流域为单元的督察。

（2）省河长制办公室负责牵头对全省河长制工作开展专项督察，原则上每年不少于4次。

（3）省级相关责任单位按照"清河行动"分配的工作任务和职责分工，负责牵头对相关专项整治行动开展督察，原则上每年不少于1次。

（4）由省水利厅负责同志带队、相关处室或单位包片，对责任区域内各设区市、县（市、区）全面推行河长制工作进行督察，原则上每年不少于1次。

《安徽省全面推行河长制工作督察制度（试行）》针对不同的督察对象采用不同的组织形式，具体如下。

（1）省级河长督察。由省级河长负责组织实施，对省级相关部门和下一级河长履职情况进行督察。具体督察工作由省河长制办公室会同协助省级河长工作的相关省直部门或单位承办。

（2）省河长制办公室督察。由省河长制办公室负责组织实施，对下一级河长制办公室工作落实情况进行督察。

（3）省级河长会议成员单位督察。由各成员单位根据职责分工负责组织实施，开展对下级部门全面推行河长制、落实河湖管理保护职责情况进行督察。督察情况报省河长办备案。

《江苏省河长制省级督察制度》规定，河长督察原则上每年进行1次，省河长制工作领导小组督察原则上每年进行2次，省河长制工作领导小组成员单位督察和省河长制工作办公室督察原则上每季度进行1次。各类督察可以根据需要适时开展，也可以合并开展。督察主要采取现场督察、会议督察的方式，也可以采取书面督察、委托第三方督察的方式。督察流程一般为督察布置、开展督察、形成意见、整改反馈。被督察对象应当根据意见进行整改，并将整改情况反馈主督察单位。

四、督察结果运用

根据河长制督察情况进行奖惩处理，通常可以从以下方面予以考虑：①对全面推行河长制工作成效突出的，通报表扬；②对全面推行河长制工作落实不力的，通报批评，责成整改。

《安徽省全面推行河长制工作督察制度（试行）》对督察结果运用予以以下规定：省河长制办公室每半年对督察情况进行一次通报。强化督察结果运用，对全面推行河长制工作成效突出的，通报表扬，交流推广经验；对工作落实不力的，通报批评，责成整改；对工作落实中弄虚作假、失职渎职、违纪违法的，严格责任追究；对督察工作中发现的违法犯罪行为，及时移送有关机关查处。

《江西省河长制工作督察制度》对督察结果运用予以以下规定：①督察结果纳入全省河长制工作年度考核，作为河长制工作年度考核和奖励的依据，并将督察结果抄报河长制省级责任部门；②督察过程中发现的新经验、好做法，通过《河长制工作简报》《河长制工作通报》《河长制工作专报》等平台肯定成绩，总结推广经验，表扬相关单位和个人；③督察过程中发现的工作落实不到位、进度严重滞后等问题，由省河长制办公室下发督办函，并抄报省级河长，必要时通报全省。

第二节　河长巡查制度

河长巡查是落实河长制管理的重要手段，是发现问题、解决问题的主要途径，也是河长履职尽责的工作方式之一。《水利部办公厅关于加强全面推行河长制工作制度建设的通知》中指出，在全面推行河长制工作中，一些地方探索实践河长巡查、重点问题督办、联席会议等制度，有利推进了河长制工作的有序开展。各地可根据本地实际，因地制宜，选择或另行增加制定出适合本地区河长制工作的相关制度。河长巡查制度是河长制探索过程中形成的有效制度之一，在河长制推行过程中发挥了积极作用。

《水利部办公厅关于加强全面推行河长制工作制度建设的通知》明确指出，建立河长巡查制度需明确各级河长定期巡查河湖的要求，确定巡查频次、巡查内容、巡查记录、问题发现、处理方式、监督整改等。

《福建省河长巡查工作制度》指出，河长巡查是指河长作为责任河道巡查工作的第一责任人，通过对责任河道巡回检查，及时发现问题，在职责范围内予以解决，或提交有关职能部门处理，或向上级河长报告请求协调解决。《九江市河长巡查工作制度》指出，河长巡查是指各级总河长对辖区的河道和河长所负责的河段实施定期和不定期巡回检查，通过检查及时发现问题，并予以解决或提交有关职能部门处理或向当地河长制办公室、上级河长报告，要求协调解决。

《关于全面推行河长制的意见》指出，建立省、市、县、乡四级河长体系。不同级别河长的工作职责和重点有所区别，决定了相应级别河长巡查的职责与分工的差异。

乡、村级河长的巡查一般应当为责任水域的全面巡查。市、县级河长应当根据巡查情况，检查责任水域管理机制、工作制度的建立和实施情况。

各级河长制办公室及河长会议成员单位应当积极支持河长巡查履职，及时将河湖入河排污（水）口分布图、污染源清单、河道治理项目、涉河治理项目、涉河活动等信息公开，为河长开展巡查工作创造条件。

各级河湖管理单位的巡查人员、保洁人员及环保组织、社会志愿者巡查发现的问题，应第一时间报告镇街、村居级河长和相应管理单位，准确、详细提供问题情况。民间河长、认领河湖的党员做好责任河湖的巡查、宣传、联络等工作，对水质不达标、社会关注度较高、易污染、易反弹的河湖加密巡查频次。

一、巡查频次和巡查内容

1. 巡查频次

各级河长巡查频次视河长级别不同也有所差异，通常来讲，原则上市级河长每季度巡查不少于1次，县级河长每月巡查不少于1次，乡级河长每周巡查不少于1次。特殊情况下，如水质不达标、问题较多的河道应当增加巡查频次。

《福建省河长巡查工作制度》规定，河长应当加大对责任河道的巡查力度，原则上市级河长一季度一巡查，县级河长一月一巡查，乡级河长一周一巡查。对水质不达标、问题较多的河道应当增加巡查频次。

《广州市河长巡河指导意见》明确提出，区级河长每两个月巡查不少于1次；镇街级河长每周巡查不少于1次；村居级河长落实河湖和排水设施一日一查。

《九江市河长巡查工作制度》规定，巡查分为重点巡查和一般巡查。重点巡查是指对主要河道、重点河段、敏感时间进行的巡查。一般巡查是指对河道全河段进行的日常巡查。市级总河长、副总河长以及市级河长应亲力亲为，带头参加河道巡查，每年对跨县重点河道和责任河段进行重点巡查或一般巡查不少于1次。县级总河长、副总河长及县级河长要加大对辖区内重点河道及责任河段的巡查力度，每年对辖区内重点河道和责任河段进行重点巡查不少于2次。乡级河长原则上应对责任河段进行全面巡查，每年对辖区内重点河道和责任河段进行重点巡查不少于4次。村级河长对辖区内的河道全面巡查每周不少于1次，对水质不达标、问题较多的河道应加密巡查频次。河道巡查员对河道每周巡查不少于2次，保洁员应该每天对所负责的河道进行巡查，发现问题及时报告河长。

2. 巡查内容

乡、村级和市、县级河长应当按照国家和地方规定对责任水域进行巡查，包括对河湖水质、保洁、绿化、岸线管理、综合整治、问题整改等情况进行巡查，并如实记载巡查情况。各地区在制定河长巡查工作制度时，应结合实际细化巡查内容。

《九江市河长巡查工作制度》规定，应重点查看以下内容：①河面、河岸保洁是否到位；②是否存在涉河违建和其他侵占河道岸线问题；③是否存在向河岸弃土弃渣和倾倒废弃物品的行为；④是否有新增入河排污口、排放是否明显异常和违法偷排行为；⑤河底有无明显污泥和垃圾淤泥；⑥是否存在非法采砂或在河床堆放尾料的情况；⑦是否存在河道水体异味、颜色异常情况；⑧是否存在非法捕捞水生野生动物、猎捕陆生野生动物、采集或采挖湿地植物等破坏水生态环境的行为；⑨是否存在工矿等企业不按国家规定配备污染物、废弃物接收设施或者向水体倾倒废弃物品的行为；⑩是否存在其他影响河湖生态环境的问题；⑪是否存在河长公示牌设置不规范、影响使用和美观的问题；⑫历次巡查发现的问题是否得到真正解决；⑬下级河长、巡查员、保洁员履职情况。

《福建省河长巡查工作制度》规定，河长巡查应当重点查看以下内容：①河道有无垃圾，是否存在倾倒垃圾、废土弃渣、工业固废等，河面、河岸保洁是否到位；②河中有无障碍，河床是否存在明显淤塞，河底是否存在明显淤泥；③河岸有无违章，是否存在涉水违法建筑物、违章搭盖、擅自围垦、填堵河道，以及其他侵占河道的行为；是否存在破坏涉水工程的行为，主要包括破坏、侵占、毁坏堤防、水库、护岸等，擅自在堤防、大坝管护范围内进行爆破、打井、采砂、挖石、修坟等；④河水有无异常，水体是否有发黑、发黄、发白、发臭等现象；⑤污水排放有无违规，现有排污口是否存在异常情况，是否有违法新增入河排污口；⑥水生态有无破坏，是否存在电鱼、毒鱼、炸鱼，以及违法砍伐林木等破坏水生态环境的行为，水电站是否落实生态下泄流量；⑦告示牌设置有无规范，河长公示牌、水源地保护区公示牌等是否存在倾斜、破损、变形、变色、老化等影响使用的问题；⑧历次巡查发现的问题是否解决到位；⑨是否存在其他影响水安全、水生态、水环境的问题。

《广州市河长巡河指导意见》指出，河长应熟悉掌握责任河湖沿岸污水收集情况，排水口分布、工业企业分布、农业养殖分布等情况，巡河原则上应对责任河湖进行全面巡查。具体来说，巡查内容主要包括：①水面是否有垃圾等漂浮物；②河底有无明显污泥或垃圾淤积；③水体有无明显异味，颜色是否异常；④水生植物是否正常生长，有无腐败情况；⑤河湖沿岸餐饮服务业、工业企业、农业养殖、居民等是否存在直排废污水；⑥是否存在倾倒垃圾、淤泥渣土、建筑废弃物等行为；⑦在河湖管理范围内是否存在违法建（构）筑物、违法堆场、违法采砂、畜禽养殖等问题；⑧沿岸挂管（线）是否规整有序；⑨河长公示牌等河湖告示牌设置是否规范，信息是否准确、完整，是否存在变形、损坏、变色、老化、遮盖、字体不清等问题；⑩是否存在防洪排涝问题，如河道堵塞、堤岸崩塌、堤围未达设计防洪高程等安全隐患；⑪是否存在其他影响河湖水质、安全的问题；⑫以前巡查发现的问题是否解决，解决的问题是否出现反弹或存在反弹迹象。

二、巡查记录

河长巡查过程中或巡查任务结束，应及时、准确记录河长巡查日志。河长巡查日志格式文本由各级河长制办公室统一制作。河长巡查日志应当包括巡查起止时间、巡查人员、巡查路线、主要问题（包括责任主体、地点、照片等）、处理情况（包括当场采取措施、处理效果、提交有关职能部门或向上级报告以及向上级反映问题的解决情况）等基本内容。

《九江市河长巡查工作制度》规定，基层河长在巡查过程中或任务结束后，应当及时、准确、详细记录河长巡查日志，以纸质或电子记录等形式存档备查。河长巡查日志格式由各县级河长制办公室按照市级河长制办公室制定格式统一制作，并及时提供给基层河长。

河长巡查日志应当包括起止时间、起止位置、参加人员、本次检查内容,上次巡查检查问题整改落实情况、本次检查新发现的问题(包括问题现状、责任主体、地点、照片等)、处理情况(包括当场制止措施、制止效果和限期整改意见)、拟报请上级河长协调的问题等。

《福建省河长巡查工作制度》规定,河长巡查应当及时、准确记录巡查日志,并存档备查。河长巡查日志应当包括巡查起止时间、巡查人员、巡查路线、发现主要问题(包括问题现状、责任主体、地点、照片等)、处理情况(包括当场制止措施、制止效果,提交有关职能部门处理或向上级河长报告的情况,以及向上反映问题的解决情况)等基本内容。河长巡查日志原则上以设区的市或县为单元统一制作。

三、问题发现与处理

各级河长在巡查中发现问题或者相关违法行为,职责范围内的应予以协调处理,无法解决的应当在一定期限内提请上级河长或河长制办公室,上级河长或河长制办公室应督促相关主管部门限期予以处理解决,河长应予以跟踪落实处理结果。对于群众投诉的问题和违法行为,还应将处理结果反馈给投诉者并向社会公布,接受公众监督。

《广州市河长巡河指导意见》指出,区、镇、村级河长在巡查发现问题时,应及时协调解决,涉及其职责范围内暂无法解决的,应在1个工作日内书面报告区级河长和区河长制办公室。当然,为切实解决河长巡查中发现的问题,提高处理效率,各区应建立河长微信或QQ群等信息交流平台。河长在巡查中发现问题的,应通过信息交流平台上传,及时妥善处理并跟踪解决到位。此外,《广州市河长巡河指导意见》还要求区、镇街河长制办公室对各级河长反映的问题应及时登记,建立台账,跟进,对重点、难点问题应积极协调解决。

《浙江省河长制规定》指出,村级河长在巡查中发现问题或者相关违法行为,督促处理或者劝阻无效的,应当向该水域的乡级河长报告;无乡级河长的,向乡镇人民政府、街道办事处报告。乡级河长对巡查中发现和村级河长报告的问题或者相关违法行为,应当协调、督促处理;协调、督促处理无效的,应当向市、县相关主管部门,该水域的市、县级河长或者市、县河长制工作机构报告。市、县级河长和市、县河长制工作机构在巡查中发现水域存在问题或者违法行为,或者接到相应报告的,应当督促本级相关主管部门限期予以处理或者查处;属于省级相关主管部门职责范围的,应当提请省级河长或者省河长制工作机构督促相关主管部门限期予以处理或者查处。乡级以上河长和乡镇人民政府、街道办事处,以及县级以上河长制工作机构和相关主管部门,应当将(督促)处理、查处或者按照规定报告的情况,以书面形式或者通过河长管理信息系统反馈报告的河长。

《福建省河长巡查工作制度》规定,对巡查过程中发现的问题,由各级河长签署河长令或河长制办公室下发督办令分解整改。具体按照以下规定,分门别类进行处理:①属职权范围内的,应当及时交由同级相关部门限期处理;涉及多部门的,应当交由同级河长制办公室统筹协调,限期解决;系统性的,应当协调各相关部门统筹制定综合整治方案,组织推动实施,确保落实到位。②属职权范围外的,应当及时提请上级河长或河长制办公室协调解决。相关部门接到河长或河长制办公室交办的问题,应当限期处理,并反馈。各级河长、河长制办公室对问题处理的过程、结果应当跟踪监督,确保解决到位。对群众举报投诉的问题，各级河长、河长制办公室应当认真记录、登记、核实，参照巡查发现问题的程序处理，并及时反馈举报投诉人。

《九江市河长巡查工作制度》对河长巡查中问题发现和处理规定比较详细，具体如下：

（1）基层河长在巡查过程中发现问题的，在其职责范围内的问题应当妥善处理并跟踪处理到位，否则应当在1个工作日内将问题书面或通过河长制办公室即时工作联络群等方式报告当地河长制办公室，由当地河长制办公室转交有关责任单位解决，责任单位应当及时处理，不得推诿。所提交问题涉及多个责任单位或难以确定责任单位的，基层河长可提请上一级河长或当地县河长制办公室予以协调，落实责任部门。

（2）县级河长制办公室及其有关责任单位接到基层河长提交的有关问题，应当在5个工作日内处理并书面或通过河长制办公室即时工作联络群答复基层河长。

（3）基层河长及河长制办公室接到群众的举报投诉，应当认真记录、登记，并在1个工作日内赴现场或安排人员进行初步核实。举报反映属实的问题，应当予以解决，并跟踪落实到位。对暂不能解决的问题，参照巡查发现问题的处理程序，提交有关职能部门处理。基层河长应在7个工作日内将投诉举报问题处理情况反馈给举报投诉人。

（4）实行问题清单制度。各级河长制办公室要认真建立问题清单制度，把巡查发现的、群众举报投诉等各渠道反映的问题均纳入问题清单进行管理。问题清单分级、销号和更新管理。建立市、县、乡三级问题清单制度。下级不能解决的问题进入上一级问题清单，问题得到妥善处理的，及时销号；问题没有处理的，滚动进入下一期问题清单。

（5）实行责任清单制度。各级河长制办公室对出现的问题应当在问题清单中列出责任单位和责任人，切实落实责任。有关河长是所负责河段问题处理的第一责任人，有关责任单位及其分管领导是直接责任人。责任单位和责任人对河道发现的各种问题应当及时处置。职责范围内难以解决的，应当向上级河长和河长制办公室报告，由上级河长或河长制办公室协调解决。上级河长或河长制办公室5个工作日内仍无法解决的，应将该问题记入本级问题清单。对投诉举报的问题，有关河长或河长制办公室应在问题处理结束后将情况反馈给举报投诉人。

四、考核奖惩

各级河长制办公室应加强对下级河长巡查履职情况的监督检查，根据河长巡查履职情况对河长进行奖惩处理，通常可以从以下方面予以考虑：①对巡查履职不到位、发现问题整改不力的，应该及时警示约谈；②发生严重后果的，应根据权责进行问责处理；③对巡查履职优秀的河长，应通报表扬，评优评先予以优先考虑。

《九江市河长巡查工作制度》对河长巡查履职考核奖惩规定如下。

（1）市政府将对县级总河长、副总河长、河长巡查工作进行年度考核，并作为干部履职考核的重要内容纳入干部实绩考核。县级政府（管委会）应当对乡级总河长、副总河长、河长巡查工作进行年度考核，并作为干部履职考核的重要内容纳入干部实绩考核。

（2）基层河长巡查工作考核，应当结合当年巡查工作的检查、抽查情况，重点考核巡查到位情况和问题及时发现、处理、提交、报告、跟踪解决到位情况及巡查日志记录情况。

（3）各县级河长制办公室对定期考核、日常抽查、社会监督中发现基层河长巡查履职存在问题或隐患苗头的，应约谈警示。

（4）基层河长巡查工作中，有下列行为之一，造成"三河"（黑河、臭河、垃圾河）出现或反弹、被省级以上媒体曝光或发生重大涉河涉水事件等严重后果的，按照有关规定追究责任，其中涉及领导干部的，移交纪检监察机关按照《江西省党政领导干部生态环境损害责任追究办法（试行）》予以问责：①未按规定进行巡查的；②巡查中对有关问题视而不见的；③发现问题不处理的，或未及时提交有关职能部门处理的；④巡查日志记录弄虚作假的。

（5）各级河长制办公室要积极发现基层河长履职工作的典型，大力宣传先进事迹，每年开展优秀基层河长评选活动，对履职优秀的基层河长予以通报表扬。

《福建省河长巡查工作制度》对河长巡查履职考核奖惩规定如下：

（1）各地应当将河长巡查工作作为河长制工作考核的重要内容，重点考核巡查到位情况和问题及时发现、处理、提交、报告、跟踪解决到位情况及巡查日志记录情况。

（2）各级河长制办公室应当加强对下级河长巡查履职的监督检查，对巡查履职不到位、发现问题整改不力的，应当及时警示约谈。

（3）河长巡查工作中，有下列行为之一，造成严重后果的，按照干部管理权限，进行问责追责：①未按规定进行巡查的；②巡查中对发现问题不处理的，或未及时提交有关部门处理的；③巡查日志记录弄虚作假的。

（4）各地应当积极挖掘河长巡河履职的典型，大力宣传先进事迹，对表现突出的予以表彰。

《广州市河长巡河指导意见》指出，各级河长制办公室应加强对下一级河长履职的监督检查，对河长巡河工作中存在的记录资料不全、巡查不全面、不彻底或巡查频次不足的，及时提醒、指导；对河湖问题视而不见或见而不管的，约谈警示；对巡查发现问题整改不力或多次督办无进展的，视情况启动问责程序。对巡查履职先进典型，大力宣传先进事迹并予以表彰。

第三节　河长制工作督察、河长巡查与河长制考核的关系

河长制工作督察旨在全面、及时掌握各地推行河长制工作进展情况，督促河长制各项工作和任务落实到位。河长制考核目的在于衡量河长履职情况及各项任务的完成情况，前者为过程督促机制，后者属于结果评价机制。从河长制工作督察可以看出，其督察内容基本涵盖在河长制考核之中，也就是说河长制工作督察的事项应被纳入河长制考核体系之中，督察结果可以作为河长制考核的参考。《江西省河长制工作督察制度》规定，督察结果纳入全省河长制工作年度考核，作为河长制工作年度考核和奖励的依据，并将督察结果抄报河长制省级责任部门。

《关于全面推行河长制的意见》指出，各级河长对相关部门和下一级河长履职情况进行督导，对目标任务完成情况进行考核。也就是说，考核内容至少应包括河长履职情况、任务的完成情况两大块。而河长巡查作为其履职重要方面之一，应将河长巡查情况纳入河

长制考核之中，作为河长制考核的参考之一。《广州市河长巡河指导意见》指出，区、镇街、村居级河长巡河情况作为重要指标，纳入同级河长制及河长的考核。《浙江省河长制规定》对乡、村级河长的考核，其巡查工作情况作为主要考核内容，对市、县级河长的考核，其督促相关主管部门处理、解决责任水域存在问题和查处相关违法行为情况作为主要考核内容。河长履行职责成绩突出、成效明显的，给予表彰。

第六章

河长制考核问责和激励推荐性制度框架

标准规范的省级河长制考核办法能够为各地市、县河长制考核制度的制定提供科学、正确引导。本章根据第四章河长制考核理论和方法的相关内容分析，探讨省级河长制考核问责和激励推荐性制度框架，为各省河长制考核办法的制定和完善提供借鉴和参考。

第一节 考 核 问 责

一、考核办法适用范围

省级河长制考核办法适用于省级总河长对市级总河长考核，省级河长对相应河湖市级河长考核，省政府、党委对省河长制组成部门考核。

（1）对市级总河长的考核。由省总河长（或省副总河长）进行考核，省河长制办公室负责组织，有关成员单位依据职责分工负责具体实施。

（2）对市级河长的考核。由省级河长对相应河湖涉及的市级河长进行考核，省级河长联系单位负责组织，省河长制办公室负责协调和指导，有关成员单位依据职责分工负责具体实施。

（3）对省河长制办公室成员单位的考核。由省党委、政府进行考核，省河长制办公室负责组织实施。

对市级河长的考核应作为对市级总河长考核的重要参考。

二、考核内容与考核指标

考核主体和考核对象不同，决定了相应的考核内容不同。

1. 对市级总河长的考核

对市级总河长的考核主要包括省总河长、省副总河长、省级河长部署事项落实情况，年度工作任务完成情况，督察督办事项落实情况，工作制度建立和执行情况，工作机制建立和运行情况等。工作任务完成情况应从加强水资源保护、加强河湖水域岸线保护、加强水污染防治、加强水环境治理、加强水生态修复和加强执法监督等方面设立一级指标，且针对区域设立指标。

2. 对市级河长的考核

对市级河长的考核主要包括省总河长、省副总河长、省级河长部署事项落实情况，省级重要河湖年度工作任务完成情况，督察督办事项落实情况等。工作任务完成情况同样应从加强水资源保护、加强河湖水域岸线保护、加强水污染防治、加强水环境治理、加强水生态修复和加强执法监督等方面设立一级指标，但需注意的是针对河湖设立指标。

3. 对省河长制办公室成员单位的考核

对省河长制办公室成员单位的考核主要包括省总河长、省副总河长、省级河长部署事项落实情况，工作责任落实情况，目标任务完成情况，督办事项落实情况，信息报送情况，牵头部门专项实施方案制定和实施情况等。

三、考核结果运用

（1）领导干部任期内河长制的考核结果纳入领导干部自然资源资产离任审计的考核体系，作为离任审计的重要参考。

（2）整改情况作为考核的重要参考。发现河长履职工作不到位及任务完成不及时情况，督促河长更好地落实职责。进行下年度河长制考核时，要着重参考上年度考核后的整改情况。

（3）考核结果抄送组织人事部门，作为党政领导干部综合考核评价的重要依据。

（4）问责。对造成生态环境和资源严重破坏者，应进行追溯调查，严格实行生态环境损害责任终身追究制。

（5）纳入最严格水资源管理制度、水污染防治行动计划实施情况的考核。水利部将把全面推行河长制工作纳入最严格水资源管理制度考核，环境保护部将把全面推行河长制工作纳入水污染防治行动计划实施情况考核。

（6）考核结果作为省级河湖管理、保护、治理补助资金的重要参考。

（7）对成绩突出、成效明显的，予以表扬；对工作不力、考核不合格的，进行约谈或通报批评。

四、考核结果评定

考核评分采用百分制。考核结果分为优秀、良好、合格、不合格四个等次，其中评分90分（含）以上为优秀、80分（含）至90分为良好、60分（含）至80分为合格、60分以下为不合格（即未通过考核）。

考核中发现下列问题之一的，考核结果直接判定为不合格。

（1）涉河湖范围内发生重、特大水污染事件或对重、特大水污染事件处置不力的。

（2）省市级重点河湖水质年度目标没有实现。

（3）重要饮用水水源地发生水污染事件应对不力，严重影响供水安全。

（4）行政区内一半以上市级流域河长考核结果不及格的，总河长考核结果为不合格。

（5）存在对投诉人、控告人、检举人打击报复的。

（6）干预、伪造考核数据、资料，人为干扰考核工作的。

（7）其他违反相关法律法规行为，情况严重的。

五、考核方式

采用自评、聘请第三方监测评估、现场考核等方式对河长制进行综合考核。

（1）开展自评。各设区市对照年度工作任务和考核细则先行完成自查，形成设区市考核自评报告和分段考核自评报告，经设区市总河长、市级河长签字确认后，报送省河长制办公室。

（2）监测评估。省河长制办公室组织第三方评估机构进行监测评估。

（3）现场考核。河长制工作领导小组成立考核组，集中开展设区市考核和分段考核。

六、考核组织程序

省级河长制考核，应在省级总河长、省级副总河长、省级河长的领导下，由省级河长制办公室组织协调和实施。具体如下。

（1）根据河长制年度工作要点，省河长制办公室负责制定年度考核方案，报总河长会议研究审定。方案主要包括考核指标、考核评价标准及分值、计分方法及时间安排等。

（2）对省河长负责的相应河段市河长、市总河长，一般是要求对所负责的河湖和辖区河长制实施情况进行自评，同级地方党委、政府对责任单位进行考核，报省河长制办公室备核。

（3）省级河长制办公室在省总河长、副河长和省河长的领导下，牵头组织有关责任部门，成立考核组，考核组和省级责任单位根据分工开展考核，省级河长和总河长审定。具体考核组织和程序应根据地区实际情况予以确定。

第二节　奖 励 激 励 制 度

一、奖励范围

从省级层面来讲，考核对象考核结果优秀者均应纳入奖励范畴之内，包括市总河长、市河长、省级河长制组成部门。除此之外，对在推行河长制工作中取得突出成绩的相关人员，也应予以表彰和奖励。

二、激励方式和标准

激励方式可以采用授予优秀称号和发放奖金两种方式。对考核结果优秀的市级总河长、市级河长、河长制组成部门以及表现突出的个人分别授予"优秀河长""河长制工作先进集体""河长制工作先进个人"称号，并发放一定额度的奖金。奖励经费可以从省财政经费中支出。奖金额度可以根据各省情况予以相应调整，山西省的奖金额度为2000元。

表彰奖励应结合河长制工作年度考核进行，原则上每年一次。

（1）"河长制工作先进集体"评选条件：对省党委、政府对河长制组成部门的年度考核结果排名第一的部门予以表彰奖励。

（2）"优秀河长"评选条件：对省总河长对市总河长年度考核结果排名第一的市总河长、省河长对相应河湖市河长年度考核结果排名第一的市河长予以表彰奖励。

（3）"河长制工作先进个人"评选：在推行河长制工作中取得突出成绩的相关人员，由各相关部门和各市推荐。

三、表彰程序

（1）根据年度考核结果，由省河长制办公室确定拟表彰集体和个人。

（2）对符合表彰条件的"优秀河长"和"河长制工作先进个人"，在广泛征求意见的基础上上报先进材料、提出推荐意见，由省河长制办公室初审提出拟表彰集体和人选。

（3）省河长制办公室将拟表彰集体及人选的相关材料报省级河长会议审议通过。

（4）省人力资源和社会保障厅会同省河长制办公室对拟表彰集体及人选名单进行初审，在全省范围内公示并报省政府审定后予以表彰。

（5）经省政府批准的表彰名单，由省河长制办公室通过媒体向社会公布。

第七章

河长制考核案例分析

目前，不少地方已经出台了河长制考核办法。本章通过选择具有代表性的若干省份，对其出台的河长制考核办法进行介绍和分析。

第一节 江苏省河长制考核

一、江苏省河长制概况

在江苏省全省范围内全面推行河长制，实现河道、湖泊、水库等各类水域河长制管理全覆盖。建立省、设区市、县（市、区）、乡镇（街道）、村（居）五级河长体系。省、设区市、县（市、区）、乡镇四级设立总河长，成立河长制办公室。跨行政区域的河湖由上一级设立河长，本行政区域河湖相应设置河长。省级总河长由省长担任，副总河长由省委、省政府分管领导担任。设区市、县（市、区）、乡镇总河长由本级党委或政府主要负责同志担任。省级河长制办公室设在省水利厅，承担全省河长制工作日常事务。省级河长制办公室主任由省水利厅主要负责同志担任，副主任由省水利厅、省环境保护厅、省住房城乡建设厅、省太湖办分管负责同志担任，领导小组成员单位各 1 名处级干部作为联络员。各地根据实际，设立本级河长制办公室。

《江苏省河道管理条例》经省第十二届人大常委会第三十二次会议审议通过，河长制在江苏以立法的形式被确认，并于 2018 年 1 月 1 日起开始实施。

二、考核主体和考核对象

考核办法适用于省级对设区市河长制工作考核、省级河长对所管河湖市级河长考核、省河长制工作领导小组对其成员单位考核。

三、考核指标和内容

考核指标主要根据《江苏省全面推行河长制的实施意见》中的八项任务和总体目标设立，考核内容可根据目标任务适当增减。

省级考核分省级对设区市河长制工作考核、省级河长对所管河湖市级河长考核两种方式，分别对设区市全面推进河长制、市级河长工作成效进行考核。两种考核方式的考核内容有交叉、重叠，也有所区分和侧重，省级对设区市河长制工作考核针对区域设立考核指标，主要考核河长履职情况、区域管理治理成效；省级河长对所管河湖市级河长考核针对河道设立考核指标，主要考核河长履职情况、河道管理治理成效。两种考核方式的考核指标分别见表 7-1 和表 7-2。

省河长制办公室组织省河长制工作领导小组成员单位制定考核内容，明确考核指标，报省级总河长和河长审定后印发。省级对设区市河长制工作考核内容由省级总河长和副总河长审定，省级河长对所管河湖市级河长考核内容由相应的省级河长审定。

表 7-1　　　　　　　　　省级对设区市河长制工作考核指标汇总表

一级指标	分值	二级指标	分值		三级指标	分值	牵头打分单位
一　组织构架与机制建立	100	1　组织构架	30	1	河长制覆盖及河长上岗情况	15	省级对设区市考核组
				2	河长制相关制度和机制执行	15	省级对设区市考核组
		2　基础工作	30	3	河长制信息平台建设	7	省级对设区市考核组
				4	一河一档执行	7	省级对设区市考核组
				5	一河一策编制及实施	8	省级对设区市考核组
				6	一事一办的督办交办查办	8	省级对设区市考核组
		3　宣传监督	20	7	公众参与平台畅通	4	省级对设区市考核组
				8	公众满意度与参与度	10	省级对设区市考核组
				9	社会宣传	6	省级对设区市考核组
		4　工作经费	20	10	河长制工作开展经费落实情况	20	省级对设区市考核组
二　水资源管理	120	5　水资源"三条红线"管理	72	11	用水总量控制	24	省水利厅
				12	用水效率控制	24	省水利厅
				13	水功能区限制纳污	24	省水利厅
		6　水源地保护	48	14	饮用水水源地保护	24	省级对设区市考核组
				15	源水区保护	24	省级对设区市考核组
三　河湖资源保护	120	7　水域岸线砂土资源保护	85	16	水域资源保护	30	省级对设区市考核组
				17	岸线资源保护	30	省级对设区市考核组
				18	砂土资源保护	25	省级对设区市考核组
		8　水生生物资源保护	15	19	水生生物资源保护	15	省海洋与渔业局
		9　文化景观资源保护	20	20	水文化资源保护	10	省级对设区市考核组
				21	水景观资源保护	10	省级对设区市考核组
四　水污染防治	140	10　产业结构调整	30	22	产业结构调整	30	省发展改革委
		11　工业污染防治	30	23	落后化工产能淘汰	10	省经信委
				24	化工企业入园进区	10	省经信委
				25	重点区域化工企业关停并转迁	10	省经信委
		12　城镇生活污染防治	30	26	城镇生活垃圾分类收集	10	省住房城乡建设厅
				27	城镇雨污分流管网建设	10	省住房城乡建设厅
				28	城镇污水处理设施建设和提标改造	10	省住房城乡建设厅
		13　农业面源污染	40	29	农村水环境综合整治	10	省环境保护厅
				30	农村生活污水处理	10	省住房城乡建设厅
				31	农村生活垃圾处理	10	省住房城乡建设厅
				32	规模化畜禽养殖场粪便综合利用和污染治理	10	省农委
		14　内源污染	10	33	港口码头和船舶污染防治	10	省交通运输厅

续表

一级指标		分值	二级指标		分值	三级指标			分值	牵头打分单位
五	水环境治理	130	15	水质达标	60	34	国考水质断面达标		20	省环境保护厅
						35	水质断面持续向好		30	省级对设区市考核组
						36	饮用水水源地达标建设和管理		10	省级对设区市考核组
			16	水系治理	40	37	黑臭水体治理		20	省住房城乡建设厅
						38	水美乡村、美丽库区		7	省级对设区市考核组
						39	清淤疏浚		7	省水利厅
						40	底泥治理		6	省水利厅
			17	水环境治理	30	41	滨河岸带环境治理		10	省级对设区市考核组
						42	水环境治理网格化和信息化建设		5	省环境保护厅
						43	干线航道洁化绿化美化行动		10	省交通运输厅
						44	渔业养殖管控		5	省海洋与渔业局
六	河湖生态修复	100	18	生态修复	40	45	退圩退田退养		25	省级对设区市考核组
						46	堤岸生态建设与保护		15	省级对设区市考核组
			19	生态保护	45	47	河湖湿地保护		25	省林业局
						48	源水区涵养与保护（源水区保护、水土流失综合治理、清洁小流域建设）		20	省级对设区市考核组
			20	水量优化调度	15	49	水量优化调度		15	省水利厅
七	河湖执法监督	120	21	河湖执法巡查	20	50	河湖执法巡查监管		20	省级对设区市考核组
			22	河湖违法行为处置	70	51	河湖遥感监测问题处置		20	省级对设区市考核组
						52	河湖违法行为处置		20	省级对设区市考核组
						53	打击违法采砂		15	省级对设区市考核组
						54	重大水事违法案件挂牌督办处置		15	省级对设区市考核组
			23	行政执法与刑事司法衔接	30	55	行政执法与刑事司法衔接		30	省公安厅
八	河湖长效管护	60	24	水域岸线保洁	20	56	水域岸线保洁		20	省级对设区市考核组
			25	管护责任主体落实	30	57	管护机构人员落实		8	省级对设区市考核组
						58	管护经费落实		8	省级对设区市考核组
						59	河湖网格化管理		6	省级对设区市考核组
						60	河湖管理范围划界确权		8	省级对设区市考核组
			26	管护能力建设	10	61	河湖管理能力建设		10	省级对设区市考核组

一级指标		分值	二级指标		分值	三级指标		分值	牵头打分单位
九	河湖综合功能提升	60	27	除险加固	30	62	除险加固	30	省水利厅
			28	公益性功能保护	30	63	公益性功能保护	30	省级对设区市考核组
十	附加考核	50	29	附加考核	50	64	附加考核	50	省级对设区市考核组
十一	一票否决		30	一票否决		65	出现重大涉水安全或水污染责任事故、出现设计标准内溃堤事件		省级对设区市考核组
	总计	1000			1000			1000	

表 7 - 2 　　　　　　　　　　**省级河长对所管河湖市级河长考核指标汇总表**

一级指标		分值	二级指标		分值	打分单位
一	河长履职	100	1	河长制相关制度及机制执行	20	省级对市级河长考核组
			2	省级下达的年度任务及一河一策实施完成情况	20	
			3	省级督察发现问题整改情况	20	
			4	一事一办的督办交办查办情况	20	省级对市级河长考核组
			5	公众满意度测评与参与度	20	
二	水资源管理	120	6	饮用水水源地保护	40	省水利厅、省环境保护厅
			7	水功能区水质达标	40	省水利厅
			8	源水区保护	40	省水利厅、省环境保护厅、省林业局
三	河湖资源保护	120	9	水域资源保护	30	省水利厅
			10	岸线资源保护	30	省水利厅、省发展改革委
			11	水生生物资源保护	30	省海洋与渔业局
			12	砂土资源保护	30	省水利厅、省国土资源厅
四	水污染防治	140	13	入河入湖排污口监管	40	省水利厅、省环保厅
			14	入河入湖支流水质好转程度	70	省环境保护厅、省水利厅
			15	港口码头和船舶污染防治	30	省交通运输厅、省住房城乡建设厅
五	水环境治理	130	16	国考断面水质达标	40	省环境保护厅
			17	饮用水水源地达标建设和管理	30	省水利厅
			18	滨河岸带环境治理	30	省住房城乡建设厅、省环境保护厅、省水利厅
			19	渔业养殖管控	30	省海洋与渔业局
六	河湖生态修复	100	20	退圩退田退养	50	省水利厅、省农委、省海洋与渔业局
			21	堤岸生态建设与保护	50	省水利厅、省交通运输厅、省林业局

一级指标		分值		二级指标	分值	打分单位
七	河湖执法监督	120	22	河湖管理保护范围内无新增违法项目	40	省水利厅、省发改委、省交通运输厅、省环境保护厅
			23	原有违法项目处置	40	省水利厅、省发改委、省交通运输厅、省环境保护厅
			24	打击非法采砂	40	省水利厅、省交通运输厅、省公安厅
八	河湖长效管护	60	25	机构人员经费落实	20	省水利厅
			26	河湖管理范围划定	20	省水利厅、省国土资源厅、省财政厅
			27	水域岸线保洁	20	省水利厅、省交通运输厅
九	河湖综合功能提升	60	28	除险加固	60	省水利厅、省发展改革委
十	附加考核	50	29		50	省级对市级河长考核组
十一	一票否决		30			省级对市级河长考核组
	总计	1000			1000	

四、考核结果运用

（1）省河长制工作领导小组分别对考核优秀的设区市和市级河长颁发"江苏省优秀总河长"和"江苏省优秀河长"证书。

（2）考核结果全省通报，并报送省委、省政府，抄送省委组织部，作为地方党政领导干部选拔任用、自然资源资产离任审计的重要依据。

（3）考核结果同时与省级河湖管理、保护、治理补助资金挂钩。

五、考核组织程序和方式

考核组织程序具体如下。

（1）开展自评。各设区市对照年度工作任务和考核细则先行完成自查，形成设区市考核自评报告和分段考核自评报告，经设区市总河长、市级河长签字确认后，报送省河长制办公室。

（2）检测评估。省河长制办公室组织第三方评估机构进行监测评估。

（3）现场考核。河长制工作领导小组成立考核组，集中开展设区市考核和分段考核。

（4）结果审定。省河长制办公室汇总考核结果，设区市和成员单位考核结果报总河长审定，分段考核结果报省级河长审定。

六、考核办法分析

按照考核主体和考核对象，可以分为省级对设区市河长制工作考核、省级河长对所管河湖市级河长考核、省河长制工作领导小组对其成员单位考核。总体上与中央文件要求相一致，其河长制考核指标体系很有借鉴和参考价值。但是江苏省河长制考核回避了省总河长对市总河长的考核，其考核相应地由省级河长对设区市河长制工作考核所替代，需进一步完善。

考核结果运用方面，还可以从以下几方面进行完善。

（1）整改情况作为考核的重要参考。进行下年度河长制考核时，可着重参考上年度考核后的整改情况。

（2）问责。对造成生态环境和资源严重破坏者，应进行追溯调查，严格实行生态环境损害责任终身追究制。

（3）表彰奖励，已经明确了对考核优秀的设区市和市级河长颁发"江苏省优秀总河长"和"江苏省优秀河长"证书，还应尽快完善相应的表彰奖励办法。

第二节　浙江省河长制考核

一、浙江省河长制概况

浙江省从 2013 年开始全面推行河长制，是我国最早开展河长制的试点省份之一，其颁布的《浙江省河长制规定》也是我国首个以立法形式确定河长制法制地位的法律文件，河长制是其在"五水共治"中形成的一项基础性和关键性治水保障制度。其建立省、市、县（市、区）、乡镇（街道）、村（社区）五级河长体系，省、市、县（市、区）设置河长制办公室，乡镇（街道）根据工作需要设立河长制办公室或落实人员负责河长工作，实现江河湖泊河长全覆盖，其现阶段河长制主要任务是加强水污染防治、加强水环境治理、加强水资源保护、加强河湖水域岸线管理保护、加强水生态修复、加强执法监管六项任务。

鉴于浙江省是推行河长制比较早的省份之一，下面对"五水共治"中涉及河长制考核的相关内容予以简要介绍。

二、考核指标和内容

浙江省河长制考核纳入"五水共治"考评体系中，对河长制长效机制建设和工作任务进行了考核，其中工作任务的考核放入"五水共治"工作考核评价指标体系，见表 7-3，其中的河长制长效机制考核专门出台了《浙江省 2017 年度河长制长效机制考评细则》，见表 7-4。

表 7-3　　2017 年度浙江省"五水共治"工作考核评价指标体系之河长制考核

项目	考核内容	分值	基　础　指　标	数据来源
河长制	河长制长效机制建设	40	河长制长效机制和组织体系建设、工作制度建立和落实、考核奖惩机制落实、保障措施落实等情况	省治水办
	水资源保护管理	10	重要水功能区水质达标率、节水型社会建设年度计划完成率、重要饮用水水源地安全保障达标率	省水利厅
	河湖水域空间管控	20	水域面积控制率、河道管理范围划界完成率、创建无违建河道任务完成率、非法占用水域和非法采砂查处	
	水生态修复	10	河道综合整治完成率	
	水污染防治	10	巩固提升行业整治成果、培育环保领跑示范企业；完成涉水特色行业整治提升年度任务；完成涉水行业排污许可证发放；工业集聚区污水集中处理设施建设与在线监测建设情况	省环保厅
	水环境治理	10	依法清理饮用水水源保护区周边污染源；推进饮用水水源一级保护区物理隔离；建立健全饮用水水源"一源一策"管理机制；加强蓝藻防控；水环境治理网格化和信息化建设等	
总计		100		

表7-4   **浙江省2017年度河长制长效机制考评细则**

类别	项目	考 核 内 容	标准分	赋 分 原 则
（一）组织体系建设（8分）	1. 河长制办公室建设	市、县（市、区）应设置相应的河长制办公室，与"五水共治"工作领导小组合署办公，明确河长制办公室人员、岗位及职责，设立负责人及联系人	2	市及市属县（市、区）河长制办公室人员、岗位及职责5月15日前全部完成设置并上报的，不扣分；5月31日前设立、上报的，每个扣0.5分；6月30日前设立、上报的，每个扣1分；其后有任一个未上报的本项不得分
	2. 河长制工作方案制定	市、县（市、区）制定落实相应河长制工作方案，工作方案应包括中央文件规定水污染防治、水环境治理、水资源保护、河湖水域岸线管理保护、水生态修复、执法监管六大主要任务	3	（1）市及市属县（市、区）要编制完成河长制工作方案（2017—2020年），工作方案在5月31日前上报的，不扣分；6月30日之前上报的，每个扣0.5分；其后有任一个未上报的不得分。本项共2分。 （2）各级河长制工作方案按照中央文件要求包括六大主要任务，每缺少一项扣0.2分，本项1分
	3. 健全河长架构	市、县、乡党政主要负责人担任总河长，根据河湖自然属性、跨行政区域、经济社会、生态环境影响的重要性等确定河湖分级名录及河长，所有河流水系分级分段设立市、县、乡、村级河长，并延伸到沟、渠、塘等小微水体。劣Ⅴ类水质断面河道，必须由市县主要领导担任河长。县级及以上河长要明确相应联系部门	3	（1）按要求设置各级总河长、剿灭劣Ⅴ类水体责任河长，市、县、乡、村级河长，小微水体河长，实现所有水体全覆盖的，不扣分，每发现一处未按要求落实相应河长，扣0.2分，本项共2分。 （2）4月30日前按要求将河长信息上报省河长制办公室，不扣分；推迟1月上报或信息报送不完整、不准确的，扣0.5分；推迟2月未上报的，此项不得分，本项共1分
（二）河长工作制度建设和落实（11分）	1. "一河一策"方案制定	县级及以上河长负责牵头制定"一河一策"治理方案，协调解决治水和水域保护的相关问题，明晰水域管理责任，并报上一级河长制办公室	2	县级及以上河长7月31日前制定"一河一策"方案并上报的，不扣分；8月31日前制定并上报的，每条扣0.2分；之后有任一条未上报的，该项不得分
	2. 河长督察指导制度	制定督导制度，县级以上河长定期牵头组织对下一级河长履职情况进行督导检查，发现问题及时发出整改督办单或约谈相关负责人，确保整改到位	1	市及市属县（市、区）任一处未制定督导制度的，扣0.5分；未按照督导制度实施督导检查并落实问题整改的，每发现一次扣0.2分，扣完为止
	3. 河长会议制度	市、县总河长每年至少召开一次会议，研究本地区河长制推进工作。每次会议需形成会议纪要或台账资料	1	市级总河长及辖区内县级总河长未按要求召开会议的，每发现一次扣0.2分，扣完为止
	4. 信息管理及共享制度	实现河长制管理信息系统全覆盖，对河长履职情况进行网上巡查、电子化考核；乡镇以上河长建立河长微信或QQ联络群；加强信息报送，县级以上河长制办公室每季度通报一次本行政区域河长制工作开展情况，并报上一级河长制办公室	3	（1）市及市属县（市、区）未建立河长制信息管理系统或未采用省级河长制信息管理系统的，每发现一处扣1分，该项共1分。 （2）未实现河长履职情况信息化考核的，每发现一次扣0.1分，该项共0.5分。 （3）乡镇以上河长未建立河长微信或QQ联络群，每发现一次扣0.1分，该项共0.5分。 （4）未按规定及时通报本行政区河长制工作开展情况的，每发现一次扣0.1分，该项共1分

类别	项目	考核内容	标准分	赋分原则
（二）河长工作制度建设和落实（11分）	5. 报告制度	市级制定所辖区域河长报告制度，市级河长每年12月底前向当地总河长报告河长制落实情况	0.5	（1）未制定报告制度的，扣0.2分，本项共0.2分。 （2）市级河长12月20日前完成报告的，不扣分；次年1月上旬前完成的，每发现1人次扣0.1分；其后每发现1人次扣0.2分，扣完为止，本项共0.3分
		各市党委和政府次年1月上旬将本年落实河长制情况报省委、省政府	0.5	次年1月上旬前上报的，不扣分；1月中旬前上报的，扣0.2分；其后不得分
	6. 河长公开制度	按照《关于印发河长公示牌规范设置指导意见的通知》要求，规范设置河长公示牌，信息要素齐全、准确，公开的电话畅通，公示牌管护到位	2.5	公示牌设置位置不当、公开要素不全、信息更新不及时、电话不通、管护不到位等，发现一处扣0.1分，扣完为止
		河长人事变动的，应在7个工作日内完成新老河长的工作交接	0.5	未按要求完成河长交接工作的，每发现一次扣0.1分，扣完为止
（三）考核奖惩机制（10分）	1. 河长制落实考核	加强河长制落实情况考核。制定市考县、县考乡、乡考村的河长制落实情况考核办法和各级各有关部门和河长联系部门考核办法，并组织实施	1	（1）市及市属县（市、区）未制定河长制考核办法的，每发现一处扣0.5分，该项共0.5分。 （2）未按照办法组织实施的，每起扣0.2分，扣完为止，该项共0.5分
	2. 河长履职考核	加强对河长履职情况的考核。制定河道、小微水体河长履职工作考核办法并组织实施，实现河道、小微水体河长考核全覆盖	2	（1）市及市属县（市、区）未制定河长履职工作考核办法（包括小微水体河长考核）的，每发现一处扣1分，已制定但未包含小微水体河长考核的，每发现一处扣0.5分，该项共1分。 （2）未按照办法实现河道河长考核全覆盖的，每少一条河道扣0.1分，该项共0.5分。 （3）未按照办法实现小微水体河长考核全覆盖的，每少一个小微水体扣0.1分，该项共0.5分
	3. 清三河反弹考核	河道水质发黑发臭等情况；河水水质呈现牛奶河等水质异常情况；河道保洁不及时，河岸垃圾堆积、河面垃圾漂浮等情况；河道淤积等情况	7	每发现一条黑臭河，扣1分；每发现一条垃圾河、牛奶河等河道水质异常情况，扣0.5分；每发现一条河岸两边有垃圾或杂物堆积，扣0.2分，河面有明显的垃圾漂浮，扣0.1分；河道明显淤积，且未纳入当年清淤计划的，每发现一处扣0.2分。扣完为止
（四）保障措施落实（11分）	1. 河长巡河	市级河长巡河每月不少于1次，县级河长每半月不少于1次，乡级河长每旬不少于1次，村级河长每周不少于1次。乡级河长每月、村级河长每周的巡查轨迹覆盖包干河道全程。河道保洁员、巡河员、网格员等相关人员按规定巡查，发现问题及时报告河长	5	（1）市及市属县（市、区）未制定河长巡查制度，每发现一处扣0.5分，该项共0.5分。 （2）市及市属县（市、区）未建立并落实河道保洁员、巡河员、网格员等相关人员按规定巡查、发现问题及时报告河长的工作机制，每发现一处扣0.1分，该项共0.5分。 （3）抽查各级河长巡查频次，每少1次扣0.1分；巡查日志未记录或记录不规范，每次每本日志扣0.1分；对问题未及时处理的，每次扣0.1分，扣完为止，该项共4分

续表

类别	项目	考　核　内　容	标准分	赋　分　原　则
（四） 保障措施 落实 （11分）	2. 业务培训	市、县每年至少组织一次，乡（镇、街道）每年至少组织两次河长制工作专项培训，提高河长履职能力	1	市及市属县（市、区）未组织培训的，每个扣0.2分，乡（镇、街道）未组织培训的，每个每缺一次扣0.1分，扣完为止
	3. "五水共治"、河长制宣传教育	发动干部群众参与治水行动，采取多种形式开展"五水共治"、河长制宣传教育活动；建立信息报送制度，组织开展信息员培训，充分展示各地"五水共治"、河长制工作中好的经验做法；营造"五水共治"、河长制宣传教育的良好氛围，积极引导公众参与	5	（1）宣传教育工作无计划，落实不实，效果差的，扣1分。 （2）每年开展"五水共治"、河长制专项宣传教育活动至少各1次，未达到或无记录的各扣1分。 （3）"五水共治"、河长制宣传教育效果差、氛围不浓厚的，扣1分。 （4）信息报送不积极、信息内容不客观、稿件质量不高等情况，酌情扣分。
总计			40	

三、考核结果运用

（1）将河长制落实情况纳入"五水共治"、美丽浙江建设和最严格水资源管理制度、水污染防治行动计划实施情况的考核范围。

（2）纳入同级政府对所属单位、县（市、区）对乡镇（街道）及村（社区）的年度考核考评，并与绩效奖惩挂钩。

（3）将领导干部自然资源资产离任审计结果及整改情况作为考核的重要参考。

（4）考核结果按照干部管理权限抄送组织人事部门。

（5）河长制履职考核情况列为党政领导干部年度考核的内容，作为领导干部综合考核评价的重要依据。

（6）对成绩突出、成效明显的，予以表扬；对工作不力、考核不合格的，进行约谈或通报批评。

（7）未按照规定对责任河湖进行巡查或巡查中发现问题不处理或不及时处理等履职不到位、失职渎职，导致发生重大涉水事故的，依法依纪追究河长责任。

（8）对垃圾河、黑臭河、劣Ⅴ类水质断面严重反弹或造成严重水生态环境损害的，严格按照《浙江省党政领导干部生态环境损害责任追究实施细则（试行）》规定追究责任。

四、考核办法分析

浙江省未出台专门的省级河长制考核办法，而是将河长制考核纳入"五水共治"考核之中。考核内容总体上与中央要求一致，主要包括河长履职情况和任务完成情况。

第三节　北京市河长制考核

一、北京市河长制概况

2017年7月19日，北京市委办公厅、政府办公厅印发了《北京市进一步全面推进河长制工作方案》，明确了市级河长名单和市河长制办公室成员单位和责任分工，并确立了河长制工作考核制度。

北京市设立市、区两级总河长、副总河长。总河长由市、区党委和政府主要领导担任，副总河长由市、区党委相关领导和分管水务工作的政府领导担任。

设立市、区、乡镇（街道）、村四级河长。五大河流（永定河、北运河、潮白河、拒马河、泃河）和市管河湖设立市级河长，由市级领导担任；各河湖所在区、乡镇（街道）、村均分级分段设立河长，区级河长由区级领导担任，乡镇（街道）级河长由乡镇（街道）党委和政府主要领导担任，村级河长由村级党组织主要负责人担任。

设置市、区、乡镇（街道）河长制办公室。市、区水行政主管部门主要领导担任同级河长制办公室主任，相关单位为同级河长制办公室成员单位，其分管领导为办公室成员。乡镇（街道）河长制办公室主任由各乡镇（街道）确定。

二、考核主体和考核对象

北京市河长制工作考核制度适用于市级河长对区级河长的考核。区、乡镇（街道）级河长对下一级河长进行考核的相关制度由各区、各乡镇（街道）结合实际制定。

三、考核指标和内容

考核内容主要包括以下两大块。

（1）河长体系和工作机制建设情况。包括设立各级河长、出台工作方案、开展舆论宣传、落实相关经费等情况。

（2）河长制工作任务完成情况。包括水污染治理、水环境治理、水生态治理、水资源管理、河湖岸线管理、执法监督管理各项任务完成情况。

四、考核结果运用

市河长制办公室将考核结果报送市委、市政府，纳入对各区党政领导干部综合考核评价内容。

五、考核组织程序和方式

（1）制定方案。市河长制办公室组织成员单位根据年度工作重点，制定考核方案和考核细则，明确考核指标、评分标准、承担部门、时间安排等内容。

（2）日常巡查。市河长制办公室组织成员单位对各区进行日常巡查，对发现的河湖问题予以通报并监督整改，将巡查及整改情况纳入年底综合考核。

（3）开展自查。每年11月底前，各区对河长履职情况和河长制工作开展情况进行自查，并将自查报告上报市河长制办公室。

（4）综合考核。每年年底前，市河长制办公室组织成员单位成立考核组，对各区河长制工作情况进行综合考核。考核组通过听取汇报、现场抽查、查阅台账资料等方式了解各区河长履职情况和河长制工作开展情况，按照年度考核方案和考核细则进行综合评分。综合评分实行百分制，考核分为优秀、良好、合格、不合格四个等次，90分（含）以上为优秀，80分（含）至90分为良好，60分（含）至80分为合格，低于60分为不合格。

六、考核办法分析

北京市河长制考核主体和考核对象与中央相关要求一致，但是涵盖不完全，应增加市级总河长对区县总河长的考核，市委、市政府对市河长制组成部门的考核，并明确相应的考核内容，建立考核指标和制定考核细则，予以进一步完善。

考核结果运用还可以从以下几个方面予以补充：

（1）领导干部任期内河长制的考核结果纳入领导干部自然资源资产离任审计的考核体系，作为离任审计的重要参考。

（2）整改情况作为考核的重要参考。进行下年度河长制考核时，可着重参考上年度考核后的整改情况。

（3）问责。对造成生态环境和资源严重破坏者，应进行追溯调查，严格实行生态环境损害责任终身追究制。

（4）纳入最严格水资源管理制度、水污染防治行动计划实施情况的考核。

第四节　广东省河长制考核

一、广东省河长制概况

建立区域与流域相结合的省、市、县、镇、村五级河长体系。由省政府主要负责同志担任省总河长，省委专职副书记和省委常委、常务副省长担任省副总河长，各市、县、镇设立本级总河长，流经各区域内主要河湖，分别由省、市、县、镇党委或政府负责同志和村（居）负责同志担任本级河长。设有流域河长，广东境内东江、西江、北江、韩江及鉴江五大河流（流域）分别由省委或省政府负责同志担任省级河长；五大河流（流域）所经的市、县、镇，除广州市、深圳市由政府主要负责同志担任市级河长外，其他市和各县、镇由同级党委或政府主要负责同志担任，或共同担任本级河长。其他河流根据河湖自然属性、跨行政区域情况以及对经济社会发展、生态环境影响的重要性等，由各市、县、镇分级分段设立河长。

二、考核主体和考核对象

考核主体和考核对象分别为省级总河长对各地级以上市总河长（含第一总河长、副总河长）、省级流域河长对其流域内各地级以上市流域河长。

三、考核指标和内容

指标考核按照《广东省全面推行河长制工作方案》中的七项任务设定，主要包括水资源、水安全、水污染、水环境、水生态、水域岸线、执法监管 7 大类指标（比中央的 6 大任务多了一项"水安全"）。

对地级以上市河长考核包括指标考核、工作测评、公众评价 3 部分。指标考核主要包括水资源保护、水安全保障、水污染防治、水环境改善、水生态修复、水域岸线管理、执法监管 7 大类指标。分别按行政区和河湖设定考核指标，行政区类指标考核对象为市级总河长，河湖类指标考核对象为市级流域河长。指标考核的详细情况见表 7-5 和表 7-6，各考核指标年度目标值由省河长制办公室会同考核工作组成员单位另行制定。工作测评主要包括河长制体制机制建设、河长履职、任务落实等内容。按各市总河长、流域河长的职责，分别制定相应的工作测评，见表 7-7 和表 7-8。省河长制办公室会同考核工作组成员单位根据考核工作实际进行修订。公众评价主要调查公众对所在流域的河长制建设、河湖管理和保护等工作的满意度，由第三方评估机构通过门户网站、微信公众号等开展网络问卷调查的形式进行。

市级总河长考核得分由行政区内各市级流域河长平均得分、行政区指标考核得分以及总河长工作测评得分构成。市级流域河长考核不合格的，所在行政区市级总河长考核不得评定为优秀等级；指标考核得分低于 60 分或者考核指标明显恶化变差的，总河长、流域河长不得评定为优秀等级。

考核评定采用评分法，满分为 100 分。考核结果划分为优秀、良好、合格、不合格四个等级。

表 7-5 　　　　　　　　各地级以上市河长考核指标（行政区）

考核内容	序号	考 核 指 标	权重	评分单位
水资源保护	1	用水总量（30 分）	10%	省水利厅
	2	万元 GDP 用水量（30 分）		省水利厅、省统计局
	3	水功能区水质达标率（40 分）		省水利厅
水安全保障	4	中小河流治理完成率（50 分）	(10%)① (20%)②	省水利厅
	5	堤防、水库、水闸达标加固投资完成率（50 分）		省水利厅
水污染防治	6	地级以上市建成区黑臭水体控制比例（20 分）	(20%)① (10%)②	省住房城乡建设厅
	7	城市生活污水处理率（20 分）		省住房城乡建设厅
	8	农村生活污水处理率（20 分）		省住房城乡建设厅
	9	规模化畜禽养殖粪便综合利用率（20 分）		省农业厅
	10	城市生活垃圾无害化处理率（20 分）		省住房城乡建设厅
水环境改善	11	跨地市河流交接断面水质达标率（20 分）	30%	省环境保护厅
	12	地表水水质优良（达到或优于Ⅲ类）比例（20 分）		省环境保护厅
	13	劣于Ⅴ类水体断面比例（20 分）		省环境保护厅
	14	重要水域大面积浮漂物出现频次（20 分）		省水利厅、广东海事局、省航道局
	15	县级以上集中式饮用水水源地水质达标率（20 分）		省环境保护厅
水生态修复	16	河道生态流量保证率（50 分）	(20%)① (10%)②	省水利厅、省环境保护厅
	17	湿地保护率（50 分）		省林业厅
水域岸线管理	18	自然岸线保有率（30 分）	(5%)① (15%)②	省水利厅、省海洋与渔业厅
	19	河湖管理范围划定完成率（40 分）		省水利厅、省国土资源厅
	20	岸线乱占滥用处理情况（30 分）		省水利厅、省国土资源厅
执法监管	21	涉河违法行为处理率（100 分）	5%	省河水利厅、省环境保护厅、省国土资源厅、省林业厅、省农业厅、省住房城乡建设厅

续表

考核内容	序号	考 核 指 标	权重	评分单位
	22	发现违法采砂频次，一次扣1份，不超过10分		省水利厅
扣分项	23	发现乡镇船舶、农自用船和"三无"船舶存在违法行为（如非法载客、非法倾倒垃圾等），1次扣1分，不超过10分		广东海事局
	24	发现乡镇船舶、农自用船、"三无"船舶、住家船、餐饮船和采砂船发生碰撞桥梁事件或发生突发事件至人员重伤或死亡，1宗扣1分，不超过10分		广东海事局

注 1. 本考核指标评价对象是地级以上市总河长。
    2. 评分责任单位中排名首位的为牵头部门，其中"涉河违法行为处理率"考核指标由各评分责任单位根据职责分工分别负责，报省河长制办公室汇总。
    3. 指标考核采用百分制，满分为100分。
①、② 珠江三角洲、粤东西北地区系数。珠江三角洲包括广州、深圳、珠海、佛山、中山、东莞、江门、惠州、肇庆；粤东西北地区包括汕头、潮州、揭阳、汕尾、韶关、清远、河源、梅州、湛江、茂名、阳江、云浮。

表 7 – 6   **各地级以上市河长考核指标（河湖）**

考核内容	序号	考 核 指 标	权重	评 分 单 位
水资源保护	1	水功能区水质达标率（100分）	10%	省水利厅
水安全保障	2	中小河流治理完成率（50分）	（10%）① （20%）②	省水利厅
	3	堤防、水库、水闸达标加固投资完成率（50分）		省水利厅
水污染防治	4	规模化畜禽养殖粪便综合利用率（100分）	（20%）① （10%）②	省农业厅
水环境改善	5	跨地市河流交接断面水质达标率（40分）	30%	省环境保护厅
	6	地表水水质优良（达到或优于Ⅲ类）比例（20分）		省环境保护厅
	7	劣于Ⅴ类水体断面比例（20分）		省环境保护厅
	8	重要水域大面积漂浮物出现频次（20分）		省水利厅、广东海事局、省航道局
	9	县级以上集中式饮用水水源地水质达标率（20分）		省环境保护厅
水生态修复	10	河道生态流量保证率（50分）	（20%）① （10%）②	省水利厅、省环境保护厅
	11	湿地保护率（50分）		省林业厅、省海洋与渔业厅
水域岸线管理	12	自然岸线保有率（30分）	（5%）① （15%）②	省水利厅、省海洋与渔业厅
	13	河湖管理范围划定完成率（40分）		省水利厅、省国土资源厅
	14	岸线乱占滥用处理情况（30分）		省水利厅、省国土资源厅
执法监管	15	涉河违法行为处理率（100分）	5%	省水利厅、省环境保护厅、省国土资源厅、省林业厅、省农业厅、省住房城乡建设厅

考核内容	序号	考 核 指 标	权重	评 分 单 位
扣分项	16	发现违法采砂频次，1次扣1分，不超过10分		省水利厅
	17	发现乡镇船舶、农自用船和"三无"船舶存在违法行为（如非法载客、非法倾倒垃圾等），1次扣1分，不超过10分		广东海事局
	18	发现乡镇船舶、农自用船、"三无"船舶、住家船、餐饮船和采砂船发生碰撞桥梁事件或发生突发事件至人员重伤或死亡，1宗扣1分，不超过10分		广东海事局

注 1. 本考核指标评价对象是河湖。

2. 评分责任单位中排名首位的为牵头部门，其中"涉河违法行为处理率"考核指标由各评分责任单位根据职责分工分别负责，报省河长制办公室汇总。

3. 指标考核采用百分制，满分为100分。

①、② 珠江三角洲、粤东西北地区系数。珠江三角洲包括广州、深圳、珠海、佛山、中山、东莞、江门、惠州、肇庆；粤东西北地区包括汕头、潮州、揭阳、汕尾、韶关、清远、河源、梅州、湛江、茂名、阳江、云浮。

表 7-7　　　　　　　　　　各地级以上市河长工作测评（总河长）

考核项目	序号	主 要 内 容	分值
体制机制建设（40分）	1	完善河长制组织体系	4
	2	明确河长制工作机构职责，专职人员到位	5
	3	信息共享与报送制度	5
	4	工作督察制度	4
	5	考核问责和激励制度	6
	6	验收制度	4
	7	河湖管理保护长效机制和稳定投入机制	4
	8	部门联合执法长效机制	4
	9	信息化技术保障机制	4
河长履职（60分）	10	年度计划落实	8
	11	对下一级河长考核和督察	7
	12	信息共享与公开	6
	13	河长巡查	7
	14	问题督办与投诉处理	6
	15	河长会议	7
	16	河长制宣传	6
	17	信息上报及时性	6
	18	互联网＋河长制	7
附加分（5分）	19	对工作有创新、工作成效突出、相关工作得到省级以上部门表彰、省级河长制示范区可适当给予附加得分	5

注 1. 工作履职评价加上附加分的总分不得超过100分。

2. 河长制工作测评的主要内容，根据考核工作实际由省河长制办公室会同考核工作组成员单位另行修订。

表 7 - 8   **各地级以上市河长工作测评（流域河长）**

考核项目	序号	主 要 内 容	分值
体制机制建设 （15 分）	1	工作督察制度	3
	2	考核问责和激励制度	3
	3	河湖管理保护长效机制和稳定投入机制	2
	4	部门联合执法长效机制	2
	5	信息化技术保障机制	2
	6	制定和实施"一河一策""一湖一策"	3
河长履职 （35 分）	7	年度计划落实	5
	8	对下一级河长考核和督察	4
	9	信息共享与公开	3
	10	河长巡查	4
	11	问题督办与投诉处理	4
	12	河长会议	4
	13	河长制宣传	3
	14	信息上报及时性	3
	15	互联网＋河长制	5
任务落实 （50 分）	16	保护水资源	7
	17	保障水安全	7
	18	防治水污染	8
	19	改善水环境	9
	20	修复水生态	7
	21	管理保护水域岸线	7
	22	强化执法监管	5
附加分 （5 分）	23	对工作有创新、工作成效突出、相关工作得到省级以上部门表彰、省级河长制示范区可适当给予附加得分	5

注   1. 工作履职评价加上附加分的总分不得超过 100 分。

     2. 河长制工作测评的主要内容，根据考核工作实际由省河长制办公室会同考核工作组成员单位另行修订。

四、考核结果运用

（1）干部考评、单位绩效评价。考核结果纳入最严格水资源管理制度、水污染防治行动计划实施情况等考核内容，作为地方党政领导干部综合考核评价和省直责任单位绩效评价的重要依据。

（2）表扬批评。对年度考核结果为优秀、排名靠前的地市、单位，省人民政府予以通报表扬；对考核结果为不及格的、排名靠后的地市、单位，省人民政府予以通报批评；连续两年考核不合格的，由省级总（副）河长或河长进行约谈。

（3）限期整改。年度考核不合格的地市、单位，要在考核结果公告后一个月内，向省级总河长或河长做出书面报告，提出限期整改措施，同时抄送省河长制办公室。

五、考核组织程序和方式

（1）河长制工作考核与国民经济和社会发展五年规划相适应，实行分阶段下达考核任务，省河长制办公室会同考核工作小组成员单位制定河长制分阶段考核实施方案。

（2）考核工作在省委、省政府统一领导下进行，省河长制办公室会同省国土资源厅、省环境保护厅、省住房城乡建设厅、省水利厅、省农业厅、省林业厅等省直责任单位组成考核工作组，负责组织实施。

（3）各地级以上市总河长按照本行政区域考核期的河长制工作目标，合理确定考核期的年度目标和工作计划，在考核期起始年3月底前报送省河长制办公室备案，同时抄送河长制考核工作组成员单位。如考核期内对年度目标和工作计划有调整的，应及时将调整情况报送省河长制办公室备案。

（4）各地级以上市总河长要在每年3月××日前将本地区上年度河长制工作考核自查报告上报省政府，同时抄送省河长制办公室及考核工作组成员单位。

（5）考核工作组根据需要进行实地考核，于每年6月××日前形成年度考核报告上报省级总河长，经省级总河长审定后，向社会公告。

六、考核办法分析

考核主体和考核对象与中央相关要求一致，但应增加省委、省政府对省级河长制组成部门的考核，并明确相应的考核内容，建立考核指标和制定考核细则。

考核结果运用方面，应从以下几方面予以进一步补充和完善。

（1）领导干部任期内河长制的考核结果纳入领导干部自然资源资产离任审计的考核体系，作为离任审计的重要参考。

（2）整改情况作为考核的重要参考。进行下年度河长制考核时，可着重参考上年度考核后的整改情况。

（3）纳入最严格水资源管理制度、水污染防治行动计划实施情况的考核。

（4）表彰奖励，并尽快明确相应的表彰形式和奖励标准。

值得借鉴的是，广东省河长制考核中引入了公众评价，主要调查公众对所在流域的河长制建设、河湖管理和保护等工作的满意度，由第三方评估机构通过门户网络、微信公众号等开展网络问卷调查的形式进行。此外，广东省河长制考核还将省流域河长对其流域内各地级以上市流域河长考核与省总河长对市总河长考核联系起来，将省流域河长对其流域内各地级以上市流域河长考核作为省总河长对市总河长考核的重要构成要素和重要参考之一，市级总河长考核得分由行政区内各市级流域河长平均得分、行政区指标考核得分以及总河长工作测评得分构成。市级流域河长考核不合格的，所在行政区市级总河长考核不得评定为优秀等级。

第五节　山东省河长制考核

一、河长制概况

山东省建立省、市、县、乡四级河长体系。各市、县（市、区）在本行政区域内设立总河长，各河湖所在市、县（市、区）、乡镇（街道）均分级分段设立河长。县级以上设置河长制办公室，乡镇要明确负责相关工作的机构。以加强水资源保护、加强河湖水域岸线管理保护、加强水污染防治、加强水环境治理、加强水生态修复、加强执法监管为任务，与中央文件《关于全面推行河长制的意见》中六项任务相一致。

二、考核主体和考核对象

省级考核办法的考核主体和对象为：省级总河长（或省级副总河长）对市级总河长的考核、省级总河长（或省级副总河长）对省河长制办公室成员单位的考核以及省级河长对相应河湖市级河长的考核。

（1）对市级总河长的考核。由省级总河长（或省级副总河长）进行考核，省河长制办公室负责组织，有关成员单位依据职责分工负责具体实施。

（2）对市级河长的考核。由省级河长对相应河湖涉及的市级河长进行考核，省级河长联系单位负责组织，省河长制办公室负责协调和指导，有关成员单位依据职责分工负责具体实施。

（3）对省河长制办公室成员单位的考核。由省级总河长（或省级副总河长）进行考核，省河长制办公室负责组织实施。

三、考核指标和内容

各类考核对象不同，考核内容也不相同。

（1）对市级总河长的考核。主要包括省总河长、省副总河长、省级河长部署事项落实情况，年度工作任务完成情况，督察督办事项落实情况，工作制度建立和执行情况，工作机制建立和运行情况等。

（2）对市级河长的考核。主要包括省总河长、省副总河长、省级河长部署事项落实情况，省级重要河湖年度工作任务完成情况，督察督办事项落实情况等。

（3）对省河长制办公室成员单位的考核。主要包括省总河长、省副总河长、省级河长部署事项落实情况，工作责任落实情况，目标任务完成情况，督办事项落实情况，信息报送情况，牵头部门专项实施方案制定和实施情况等。

考核对象不同，考核评定方法也不同，对市级（总）河长考核采用千分制，对省河长制办公室成员单位的考核采用百分制。

（1）对市级总河长、市级河长的考核。考核结果分为优秀、良好、合格、不合格四个等次。其中评分900分（含）以上为优秀、800分（含）至900分为良好、600分（含）至800分为合格、600分以下为不合格（即未通过考核）。其中，对市级河长的考核评定等次为合格及以下的，对其所在市市级总河长的考核不得评定为优秀等次。

（2）对省河长制办公室成员单位的考核。考核结果分为优秀、良好、合格、不合格四个等次。其中评分90分（含）以上为优秀、80分（含）至90分为良好、60分（含）至80分为合格、60分以下为不合格（即未通过考核）。

四、考核结果运用

（1）对在河湖管理保护工作中措施得力、效果显著的，予以通报表扬。

（2）对连续两年考核排名处于末位的，由有关责任人向省总河长（或省副总河长）、省级河长做出书面说明，省河长制办公室下达整改意见，并督促整改落实。

（3）落实不力或未通过年度考核的，由省总河长（或省副总河长）、省级河长进行约谈。

五、考核组织程序和方式

（1）日常考核。被考核对象要建立工作台账，及时将有关工作情况进行整理汇总。考核具体实施主体根据考核内容和考核指标，对日常工作开展情况每季度进行一次考核。

（2）自查评分。被考核对象对照考核内容和评分标准进行全面的自查和评分，并形成自查报告。根据不同的考核实施主体，于每年12月31日前分别报省河长制办公室或相应的省级河长联系单位。

（3）年终考核。每年开展一次。其中对市级总河长、市级河长的考核由省河长制办公室相关成员单位采取现场抽查的方式进行评估；对省河长制办公室成员单位的考核由第三方评估机构采取现场核查的方式进行评估。

（4）综合评价。省河长制办公室相关成员单位或第三方评估机构要对考核结果进行综合分析，并形成书面报告。其中，对市级总河长和省河长制办公室成员单位的考核结果报省河长制办公室，由省河长制办公室进行汇总整理后将考核结果报省总河长（或省副总河长）审定；对市级河长的考核结果报省级河长联系单位，由省级河长联系单位负责汇总整理后报省级河长审定，并报省河长制办公室备案。

六、考核办法分析

按照考核主体和考核对象，可以分为省总河长（或省副总河长）对市级总河长的考核、省总河长（或省副总河长）对省河长制办公室成员单位的考核以及省级河长对相应河湖市级河长的考核。根据中央文件的要求，省河长制办公室成员单位应由省党委、政府对其进行考核，不是由省总河长对其进行考核。

山东省考核结果运用有两方面：作为地方党政领导干部考核评价的重要依据和表扬批评。除了这两方面的应用外，还应考虑以下几方面。

（1）考核结果作为领导干部自然资源资产离任审计结果的重要参考以及将整改情况作为考核的重要参考。

（2）严格问责，实行生态环境损害责任终身追究制，对造成生态环境损害的，严格按照有关规定追究责任。

（3）明确河长制考核的表彰激励形式、奖励标准等。

在河长制考核组织方面，引入公众参与机制，聘请第三方机构参与其中。此外，在选用考核指标时，将公众评价引入考核指标之中。

值得借鉴的是，山东省针对不同的考核主体和考核对象，充分考虑了各类考核的差异，考核内容的选用上有所侧重，考核组织方式、考核评分方法以及考核结果评定都有所不同。

第六节　江西省河长制考核

一、江西省河长制概况

江西省以推进流域生态综合治理为抓手打造河长制升级版，构建省、市、县（市、区）、乡（镇、街道）、村五级河长组织体系。建立区域与流域相结合的河长制组织体系。按区域，省、市、县（市、区）、乡（镇、街道）行政区域内设立总河长、副总河长，由行政区域党委、政府主要领导分别担任；按流域，设立河流河长。以统筹河湖保护管理规划、落实最严格水资源管理制度、加强水污染综合防治、加强水环境治理、加强水生态修复、加强水域岸线管理保护、加强行政监管与执法、完善河湖保护管理制度及法规为任务，全面推行河长制。

江西省河长制考核根据每年工作重点和目标任务，分年度动态设置考核指标体系。并且省级河长制考核与市级河长制考核在指标的设立上保持一致，而在指标权重的设置上，各市根据其工作实际有所区分。

二、考核主体和考核对象

《江西省河长制工作考核问责办法》适用于各设区市、县（市、区）人民政府。

三、考核指标和内容

江西省每年制定工作要点，并明确各工作要点的责任单位，根据工作要点，动态调整河长制考核方案及考核指标，考核对象为各设区市、县（市、区）人民政府。江西省2017年河长制考核指标见表7-9。

表7-9 江西省2017年河长制工作考核指标

序号	考核项目	各项分值	考核指标	负责考核部门（简称）
	总分	100		
一	思路升级，启动流域生态综合治理	7		
1	推进流域生态综合治理	7	牢固树立"山水林田湖"生命共同体理念，提升河湖管理保护水平的同时，在流域生态治理、产业发展上有突破，打造一批河长制示范河流，推动流域生态治理与地区经济社会发展相互促进。2017年各市、县至少选择1条河流开展流域生态综合治理，2017年底前，综合治理工作初见成效	省河长办
二	制度升级，完善相关工作体制机制	15		
2	进一步修订完善并重新印发河长制工作方案	2	2017年6月底前，市、县、乡要结合实际按照党中央、国务院及水利部、环境保护部有关要求，进一步修订完善、重新印发河长制工作方案	省河长办
3	建立和完善覆盖到村的五级河长制组织体系	3	2017年6月底前，全省全面实施河长制，建立和完善覆盖到村的五级河长制组织体系，省、市、县向社会公布相关区域与流域河湖河长名单。建立流域面积50km² 以上河流、常年水位对应水面在1km² 以上湖泊的河湖名录	省河长办
4	实行问题清单制	2	分行业、分流域建立省、市、县三级河湖保护管理问题清单，将清河行动、不达标河湖治理、群众投诉举报以及监督检查发现的问题均纳入问题清单予以管理。清单实行分级、销号、滚动管理，定期更新	省河长办

序号	考核项目	各项分值	考核指标	负责考核部门（简称）
5	完善考核机制	3	将河长制工作有重点任务的省级责任单位的相关工作内容纳入年度绩效管理指标体系，市、县参照省级做法对本级有重点工作任务的有关部门开展相关考核。同时县级要将河长制工作纳入对乡（镇、街道）政府科学发展综合考核评价体系。各级党委、政府要将河长履职情况作为领导干部年度考核述职的重要内容	省河长办
6	完善河长制督察检查及验收制度	1	制定出台河长制工作督察检查办法，根据中央出台的验收制度制定省河长制验收制度	省河长办
7	开展自然资源资产离任审计	2	将水域、岸线、滩涂等自然资源资产纳入审计内容。省审计部门选择一个设区市或省直管县开展领导干部自然资源资产离任审计工作；各市也应选择一个所辖县（市、区）进行试点	省审计厅
8	探索综合执法	2	总结完善鹰潭市河湖管理保护综合执法模式，进一步探索建立适应各地实际的河湖生态环境综合执法体制，提高执法效率，加大执法力度	省水利厅
三	能力升级，加强河湖长效保护管理	13		
9	完善河长工作机构的组建	3	2017年7月底前，各市、县要完善河长工作机构的组建，确保有足够的人员和经费开展河长制工作	省河长办
10	推动落实"一河（湖）一档"	3	各市、县均应结合河湖实际，开展调查摸底，摸清河湖突出问题和保护现状。流域面积 $50km^2$ 以上河流、常年水位对应水面在 $1km^2$ 以上湖泊均应形成"一河（湖）一档"	省河长办
11	严格水功能区监管	2	根据水功能区划确定的河流水域纳污容量和限制排污总量，落实污染物达标排放要求，切实监管入河湖排污口，严格控制入河湖排污总量，优化排污口设置。设立入河湖排污口公示牌，公布排污种类、数量、责任部门和责任人等	省水利厅
12	强化技术支撑	2	统一技术标准和模式架构，分级推进省、市、县河长制河湖保护管理地理信息系统平台建设，组织推进县级河长即时通信平台建设，推动河长制信息化管理水平，提高工作效能	省河长办
13	加强河湖管护	3	培育市场化、专业化、社会化河湖管护市场主体，落实管护人员、设备和经费	省水利厅
四	行动升级，推进突出问题专项整治	55		
14	继续推进水质不达标河湖治理	6	进一步落实治理方案，加强跟踪督导，实行销号管理	省环境保护厅
15	加强工矿企业及工业聚集区水污染防治	5	依法取缔"十小"企业，逐步完善工业聚集区污水集中处理设施（含管网）建设	省工信委
16	强化城镇生活污水治理	3	提升城市、县城污水处理率，推进城镇生活污水处理设施及配套管网建设，继续推进鄱阳湖湖体核心区及城镇污水处理设施提标改造	省住房城乡建设厅

续表

序号	考核项目	各项分值	考　核　指　标	负责考核部门（简称）
17	推动畜禽养殖污染控制	4	完成禁养区、限养区、可养区"三区"划定（2分，省农业厅）；依法关闭或搬迁禁养区内养殖场（2分，省环境保护厅）	省农业厅、省环境保护厅
18	推进农业化肥、农药减量化治理	3	继续推进农作物病虫专业化统防统治与绿色防控融合示范，推广生物农药和高效低残留化学农药安全科学使用技术，大力推广测土配方施肥技术，大力恢复绿肥生产，推进水肥一体化技术应用	省农业厅
19	加大农村生活垃圾及生活污水整治	5	完善城乡环卫一体化体制，落实"户分类、村收集、镇转运、县处理"的四级运行机制，加快农村垃圾处理设施设备建设步伐，规划建设新的终端处理设施。开展农村生活垃圾分类试点，探索试点实施农村生活污水治理	省委农工部、省住房城乡建设厅
20	加强船舶港口污染防治	3	组织编制《江西省内河水域船舶污染物接收、转运和处置设施建设方案》等，加强危险品船的进出港申报和监装监卸护航，加大船舶污染专项执法检查，推进船舶结构调整，加快运输船舶生活污水防污改造，积极推进 LNG 等清洁能源在水运行业中的应用，加强港口码头垃圾、废水及作业扬尘整治	省交通厅
21	开展侵占河湖水域及岸线专项整治	4	清查非法挤占水域岸线用地。科学编制岸线利用规划，落实规划岸线分区管理。启动河湖管理范围和水利工程管理保护范围的划定工作。加强河道管理，维护河流水域秩序。加大执法力度，严厉打击非法侵占水域岸线行为	省水利厅
22	开展非法采砂专项整治	4	加强涉水采砂矛盾纠纷排查，指导沿湖地区加快推进过剩采砂船舶的切割淘汰工作，继续做好湖区的联合巡查和协商联动机制，形成打击违法涉水事件的合力	省水利厅
23	开展非法设置入河湖排污口专项整治	3	对 2016 年开展的"清河行动"中清查的非法入河湖排污口督促整改或依法取缔，完善相关手续	省水利厅
24	开展渔业资源保护专项整治	3	严厉查处电、毒、炸鱼等非法捕捞行为，继续推行春季禁渔制度，规范落实渔业资源增殖放流，加大保护区监管力度，有效保护渔业资源及其生境	省农业厅
25	继续推动水库水环境综合治理	2	根据省人大专项整治相关问题建议整改落实到位	省水利厅
26	加强饮用水水源保护和加快备用水源建设	1	依法清理饮用水水源保护区内违法建筑和排污口，推进设区市备用水源或应急水源建设	省环境保护厅
27	加强城市黑臭水体治理	2	指导各地采取控源截污、垃圾清理、清淤疏浚、生态修复等措施，加大黑臭水体治理力度。2017 年年底前，省会城市建成区基本消除黑臭水体	省住房城乡建设厅
28	加大非法侵占林地、破坏湿地和野生动物资源等违法犯罪的整治力度	3	完善森林资源管理监督检查机制，开展生态公益林年度检查验收和生态公益林补偿效益监测工作，加大对非法侵占林地、破坏湿地和野生动物资源等违法犯罪的打击力度，全力维护林区、湖区安全稳定	省林业厅

右上角：续表

序号	考核项目	各项分值	考核指标	负责考核部门（简称）
29	开展重点区域的重金属污染治理	1	在赣江源头、乐安河流域、信江流域、袁河流域、湘江源头等区域开展重金属污染治理工作	省环境保护厅
30	加大河湖水域治安防控工作力度	3	积极开展河湖水域突出问题的整治工作，依法打击各类犯罪活动，确保河湖水域治安稳定	省公安厅
五	宣教升级，营造群防群治浓厚氛围	10		
31	组织开展河长制宣讲活动	2	推进河长制进党校，增强各级党委、政府及相关部门领导干部保护河湖、保护生态环境的主体意识，倡导河长带头宣讲河长制工作	省河长办
32	完善河长公示牌设立	1	各地要在河流（湖泊）醒目位置设立河长公示牌，统一规格和要求，对河长职责、河湖范围、管护目标、监督电话等进行公示，确保监督电话畅通	省河长办
33	加强河湖保护宣传	4	各级党委、政府要充分利用各类媒体宣传河长制工作，开展生态文明建设"进园区、进社区、进企业、进农村"宣传活动，组织开展河长制公益宣传，支持在网站设立河长制工作曝光台，营造全社会合力推进河长制工作的良好氛围	省委宣传部
34	加强河湖保护教育	3	开展中小学生河湖保护管理教育知识进校园活动，增强中小学生的河湖保护及涉水安全意识	省教育厅

四、考核结果运用

（1）考评结果纳入市县科学发展综合考核评价体系。

（2）考评结果纳入生态补偿机制。

（3）考核结果抄省级责任单位及综治办等有关部门。

（4）责任追究。河长制工作责任追究纳入《江西省党政领导干部生态环境损害责任追究实施细则（试行）》执行，对违规越线的责任人员及时追责。

（5）把河长制工作内容纳入省直部门绩效考核体系，并明确上级河长对下级河长进行考核，将各级河长履职情况作为领导干部年度考核述职的重要内容。

五、考核组织程序和方式

省河长制办公室负责河长制考核的组织协调工作，统计及汇总考核结果。相关省级责任单位根据考核方案中的职责分工制定评分标准和确定分值，并承担相关考核工作。省统计局（省考评办）负责将河长制考核纳入市县科学发展综合考核评价体系，指导河长制工作考核。省发改委（省生态办）负责将河长制考核纳入省生态补偿体系。

（1）制定考核方案。根据河长制年度工作要点，省河长制办公室负责制定年度考核方案报总河长会议研究确定。方案主要包括考核指标、考核评价标准及分值、计分方法及时间安排等。

（2）开展年度考核。根据考核方案，省河长制办公室、省级责任单位根据分工开展考核。

（3）公布考核结果。计算各设区市、县（市、区）单个指标的分值和综合得分，及时公布考核结果。

此外，九江市是江西省下辖的一个地级市，九江市河长制考核在与江西省河长制考核保持一致的基础上，又有所差别。九江市考核指标与江西省考核指标保持一致，但在权重设立上，九江市根据实际情况予以调整，与江西省省级考核有所区别。

六、考核办法分析

江西省、九江市河长制考核存在共性问题，具体如下。

（1）考核主体和考核对象与中央要求不一致。江西省和九江市考核主体和考核对象均为上级政府对下级政府的考核，应尽快进一步完善。

（2）考核程序上，应在下级考核对象自评完成的基础上，由考核主体统一组织进行综合考核。

（3）考核结果运用方面还需从以下几方面补充完善：①领导干部任期内河长制的考核结果纳入领导干部自然资源资产离任审计的考核体系，作为离任审计的重要参考。②整改情况作为考核的重要参考。进行下年度河长制考核时，可着重参考上年度考核后的整改情况。③考核结果抄送组织人事部门，作为党政领导干部综合考核评价的重要依据。④问责。对造成生态环境和资源严重破坏者，应进行追溯调查，严格实行生态环境损害责任终身追究制。⑤纳入最严格水资源管理制度、水污染防治行动计划实施情况的考核。⑥明确表彰形式和奖励标准。

第七节　山西省河长制考核

一、山西省河长制概况

省政府主要领导担任省总河长，分管水利工作的副省长担任省副总河长。汾河、桑干河等7条省管主要河流和黄河山西段分别由省领导担任省河长。7条省管主要河流及黄河山西段流经的市、县、乡也要分级分段设立河长，河长由同级政府主要负责人担任。市、县、乡设立本级总河长，由本行政区域的党委、政府主要负责人担任。市、县管主要河流及其他河流要分级分段设立市、县、乡河长。各地可根据实际情况，将河长延伸到村级组织。省河长制办公室设在省水利厅，办公室主任由省政府分管水利工作的副省长兼任，副主任由省水利厅厅长、省环保厅厅长兼任。各市、县要相应设立河长制办公室，办公室设在同级水利部门。

在中央文件《关于全面推行河长制的意见》六项任务的基础上，增加统筹河湖管理和保护规划、确定河湖分级名录两项任务。山西省在考核结果运用时，规定了具体的奖励激励形式和标准，此外责任追究制度相对较为严格。

二、考核主体和考核对象

考核对象为各市人民政府、省直有关单位。

三、考核指标和内容

考核内容为：任务完成情况，包括《山西省全面推行河长制实施方案》、推进河长制工作年度目标等文件所制定的主要任务完成情况；综合治理工作，包括河长制组织体系、政策制度、年度计划、问题处置、督导检查、信息报送、工作台账等日常工作开展情况。

考核项目主要包括河长制制度落实情况（30分）、河长履职情况（30分）、目标任务完成情况（30分）、日常工作配合度评价（10分）。

四、考核结果运用

1. 结果运用

（1）年度考核排名倒数第一且考核结果不合格的河长，由上一级河长对其进行诫勉谈话；年度排名倒数第二且考核结果不合格的河长，对其发出预警提示。

（2）对连续三次考核排名后两位且有一次考核不合格的河长，实行"一票否决"，建议对其工作岗位进行调整，并在两年内不予提拔重用；对连续两次考核排名后两位且有一次考核不合格的河长，予以通报批评，并由上一级河长对其进行诫勉谈话。

（3）考核结果不合格的市、县（市、区）及省直有关单位，应在考核结果通报一个月内，提出整改措施，向省河长制办公室书面报告。

（4）考核结果作为干部任用与问责的重要依据，作为省直有关单位年度预算安排的重要依据。

（5）考核结果抄送组织、人事、财政、考核办等有关单位。

2. 责任追究

（1）对在河长制工作考核中负有责任的干部，不得提拔任用或者转任重要职务，取消当年年度考核评优和评选各类先进的资格。

（2）实行河长制工作考核责任终身追究制，不论是否已调离、提拔或退休，都必须严格追责。

（3）做出责任追究的机关及部门，一般应当将责任追究决定向社会公开。

（4）责任追究决定被撤销的，应当恢复责任追究对象原有待遇，不影响评优评先和提拔任用。

3. 激励制度

值得借鉴的是，山西省在考核办法中还提出了激励奖励办法，明确了奖励形式和标准。

（1）表彰原则：面向基层、面向工作一线；公开、公平、公正；遵循精神奖励与物质奖励相结合，以精神奖励为主；坚持"少而精"，严格控制评选范围、标准、条件、比例、名额，确保奖励表彰的先进性、代表性和创造性。

（2）表彰范围：包括集体和个人。集体指全省范围内的各市、县、乡政府；个人包括河长和自然人，河长指各市、县（市、区）、乡（镇、街道）、村级河长。

（3）表彰类型：表彰类型包括"河长制工作先进集体""优秀河长"和"优秀个人"。

（4）评选条件：表彰结合河长制工作年度考核进行，原则上三年一次。

1）"河长制工作先进集体"评选条件：对近三年任意两个年度考核为优秀且另外一个年度考核为合格或以上的，按三年总分高低进行排序，对得分排在前2名的市、前5名的县（市、区）和乡政府予以表彰。

2）"优秀河长"评选条件：近三年任意两个年度考核为优秀且另外一个年度考核为合格或以上的市、县（市、区）乡各推荐1名和5名优秀河长，其中推荐的县级河长数量最多不得超过2名。

3)"优秀个人"评选条件：对在推行河长制工作中取得突出成绩的相关人员，由各相关部门和各市推荐，全省不超过 5 名。

（5）表彰程序。

1）根据近三年的考核结果，由省河长制办公室确定拟表彰集体。

2）对符合表彰条件的"优秀河长"和"优秀个人"，采取由乡（镇、街道）到县（市、区）、由县（市、区）到设区市、由设区市到省的形式，在广泛征求意见的基础上上报先进材料、提出推荐意见，逐级上报，由省河长制办公室初审提出拟表彰人选。

3）省河长制办公室将拟表彰集体及人选的相关材料报省级河长会议审议通过。

4）省人力资源和社会保障厅会同省河长制办公室对拟表彰集体及人选名单进行初审，在全省范围内公示并报省政府审定后予以表彰。

5）经省政府批准的表彰名单，由省河长制办公室通过媒体向社会公布。

（6）奖励形式和标准。省政府向受表彰的集体授予"河长制工作先进集体"荣誉奖牌，向受表彰的个人授予"优秀河长""优秀个人"荣誉证书并奖励 2000 元。奖励经费从省级水利经费中支出。

（7）表彰撤销。有下列情形之一的，由省政府决定撤销其表彰。

1）弄虚作假，骗取表彰的。

2）申报表彰时隐瞒严重错误或严重违反规定程序的。

3）法律、法规规定应当撤销表彰的其他情形的。

撤销表彰，由获得者所在地人民政府或者上级河长制办公室提出，经省人力资源和社会保障厅会同省河长制办公室审核后，报省政府批准。对被撤销表彰的个人，收回其奖牌和证书，并追回奖金。

五、考核组织程序和方式

考核结果划分为优秀、合格、不合格三个等级，90 分（含）以上为优秀，60 分（含）至 89 分为合格，60 分以下为不合格。

（1）制定考核方案。根据年初制定的河长制工作目标，省河长制办公室负责制定年度考核方案，报省总河长会议研究审定。主要包括：考核指标及权重、考核评价标准及分值、计分方法及时间安排等。

（2）开展年度考核。根据考核方案，由省河长制办公室组织，省直有关单位按照职责分工考核各市人民政府，省直有关单位间采取交叉考核。

（3）公布考核结果。计算各市、县（市、区）单个指标的分值和综合得分，由省河长制办公室汇总，并报省总河长和省副总河长批准后，公布考核结果。

六、考核办法分析

山西省河长制考核对象为各市人民政府、省直有关单位，这与中央要求是不一致的，省级总河长对市级总河长的考核不等同于省政府对市政府的考核，这点应予以及时完善。此外，考核办法应明确考核对象对应的考核主体，将中央要求的考核主体和考核对象涵盖完全，及时补充省级河长对相应河湖市级河长考核的相关内容。

考核程序中，采用"省直有关单位按照职责分工考核各市人民政府"的方式稍欠妥当，从职权划分和行政级别上来说，省直有关单位不具备对市人民政府考核的权利和能力，采用这种考核方式未完全体现出河长在河长制的主体地位与作用，省级总河长作为全省河湖管理的第一责任人，理应将责任分解到各市总河长并督促落实其工作职责、完成相应任务，采用这种考核方式，未完全体现出河长制制度的优越性，可能仍存在传统管理模式上职权划分不清等制度弊端。同时在考核程序上，由考核主体直接对考核对象进行考核会影响其效率，可在各市自评的基础上，再由考核主体对考核对象进行考核。

考核结果评定标准中，划分为优秀、合格、不合格，其中合格标准是从 60 分至 89 分，评定标准范围过大，难以拉开各市河长制工作推进水平，并且影响各级河长推进工作的积极性。此外，在考核指标的设立通过中，可以引入公众评价相关内容。

值得借鉴的是，山西省的考核结果运用中，责任追究还是比较严格的，实行河长制工作考核责任终身追究制，这在各省河长制考核办法中也是比较少有的。但与此同时，还应扩大河长制考核结果运用：将领导干部自然资源资产离任审计结果及整改情况作为考核的重要参考，实行生态环境损害责任终身追究制，纳入最严格水资源管理制度、水污染防治行动计划实施情况的考核，进一步与中央要求保持高度契合。

山西省在河长制考核办法中还专门明确了激励制度，比较详细地规定了表彰原则、表彰范围、表彰类型、评选条件、表彰程序、奖励形式和标准等，值得借鉴与参考。

第八节 湖南省河长制考核

一、湖南省河长制概况

湖南省坚持流域与行政区域相结合，全面建立省、市、县、乡四级河长体系。省委、省人民政府成立河长制工作委员会，委员会由总河长、副总河长及委员组成，在省委、省人民政府领导下开展工作；省委副书记、省长担任总河长，省委常委、常务副省长及分管水利副省长担任副总河长；省领导分别担任湘江、资水、沅水、澧水干流和洞庭湖（含长江湖南段）省级河长。省河长制委员会成员由省委组织部、省委宣传部、省发改委、省科技厅、省经信委、省公安厅、省财政厅、省人力资源和社会保障厅、省国土资源厅、省环境保护厅、省住房城乡建设厅、省交通运输厅、省水利厅、省农委、省林业厅、省卫生计生委、省审计厅、省国资委、省工商局、省政府法制办、省电力公司等单位主要负责人和各市州河长组成。

省河长制工作委员会办公室设在省水利厅，办公室主任由省水利厅主要负责人兼任。

各市州、县市区设置相应的河长制工作委员会和河长制办公室。各市州、县市区、乡镇（街道）党委或政府主要负责人担任该行政区域内河长，同级负责人担任相应河流河段河长。

2017 年 10 月 20 日，湖南省印发《河长制工作考核办法（试行）》。

二、考核主体和考核对象
考核对象为各市州政府及各市州河长。

三、考核指标和内容
考核内容主要包括组织体系、能力建设、日常考评、宣传发动和主要任务完成情况。具体考核指标和考核细则见表 7 - 10。

表 7 - 10   湖南省 2017 年河长制工作考核细则

考核类别	考核内容	分值	具 体 事 项	单项计分	评 分 细 则
一、考核内容	组织体系	15	工作方案出台，建立覆盖至村的河长制组织体系，明确各级河长并公示	5	（1）出台市、县、乡工作方案，并按照中央文件要求包括六大主要任务（2分）。市级未完成扣2分，县级少完成1个扣0.5分，乡级少完成1个扣0.2分，扣完为止
					（2）明确各级河长并公布河长名单（3分）。市级未公布扣3分，县级少公布1个扣0.5分，乡级少公布1个扣0.2分，村级少公布1个扣0.1分，扣完为止
			制定河长制工作制度，健全工作机制	3	市县按要求印发河长会议制度、信息共享制度、督察制度、考核制度。市级未完成扣3分，县市区少完成一个扣1分，扣完为止
			落实工作责任，按照部门职责分工，协调联动，明确责任人	3	（1）落实各级河长制工作委员会成员单位并明确各单位责任（1分）。市县乡工作方案中明确部门责任的得1分，市级未明确的扣1分，县级未明确1个扣0.2分，乡级未明确1个扣0.1分，扣完为止
					（2）明确成员单位责任人及联络员（1分）。市级未明确的扣1分，县级未明确1个扣0.2分，乡级未明确1个扣0.1分，扣完为止
					（3）召开成员单位会议（1分）。会议次数不少于2次，市级少1次扣0.5分，县级少1次扣0.2分，乡级少一次扣0.1分，扣完为止
			掌握河湖情况，建立"一河一档"；明确技术单位，启动"一河一策"编制	4	（1）明确"一河一策"编制技术单位，找出河湖存在的主要问题（2分）。市级少完成1河（湖）调查的扣0.5分，县级少完成1河（湖）调查的扣0.2分，扣完为止
					（2）启动市县两级河湖现状调查（2分）。市级少完成1河（湖）调查的扣1分，县级少完成1河（湖）调查的扣0.5分，扣完为止
	日常管理工作	10	举报投诉处理	3	群众举报未及时有效处理，每次扣0.2分，扣完为止
			问题整改落实	3	督察中发现存在工作滞后、未按要求开展工作等问题，每通报批评一次扣0.2分；不及时有效整改落实的，每次扣0.2分，扣完为止
			河湖监管巡查	2	未按巡查制度中巡河频次、巡河内容等要求开展河长巡河、日常巡查的，每少一次扣0.2分，扣完为止
			信息报送质量	2	日常信息报送每延误或报送错误信息一次扣0.2分，扣完为止

续表

考核类别	考核内容	分值	具体事项	单项计分	评　分　细　则
一、考核内容	能力建设	10	河长制工作机构、人员及经费落实	5	（1）设置河长制办公室机构及集中办公场所（2分）。市级未设置的扣2分，县级未设置的1个扣0.5分，扣完为止
					（2）落实固定工作人员（2分）。市级未落实的扣2分，县级未落实的1个扣0.5分，扣完为止
					（3）未落实工作经费（1分）。市级未落实的扣1分，县级未落实的1个扣0.5分，扣完为止
			社会监督受理及处置能力建设	5	（1）主动向社会公开河长信息，在河湖显著位置按要求设置河长公示牌（4分）。市级少设置1处扣1分，县级少设置1处扣0.5分，乡级少设置1处扣0.2分，村级少设置1处扣0.1分，扣完为止
					（2）建立专门的监督电话，有专人负责受理和处置（1分）。电话不通或无人接听的，发现一次扣0.1分，扣完为止
	主要任务	55	辖区内国考断面、省级水功能区断面水质达标情况	10	（1）辖区内国考断面水质达到年度考核要求（5分）。1个断面年度考评未达标扣1分，扣完为止
					（2）省级水功能区断面水质达到年度考核要求（5分）。市州省级水功能区达到年度考核达标率的得5分，未达到的得0分
			完成104个工业园区污水集中处理设施与在线监测建设	4	推进辖区省级及以上产业园区（工业聚集区）全部建成污水集中处理设施，并安装在线设施，按完成比例得分，没有年度任务的得平均分
			拆除或关闭饮用水水源一级、二级保护区内的90个入河湖排污口	3	各市州每少完成1个扣1分，扣完为止。没有年度任务的得3分
			完成68条黑臭水体治理、完成20个县市区"两供两治"垃圾收转运设施建设、完成5000个行政村垃圾治理、完成19座污水处理厂一级A排放标准提标改造、完成65个乡镇污水处理设施建设	10	（1）68条黑臭水体治理完成情况（5分）。各市按完成比例得分，没有年度任务的得5分
					（2）完成5000个行政村垃圾治理（2分）。各市按完成比例得分，没有年度任务的得平均分
					（3）完成19座污水处理厂一级A排放标准提标改造（1分）。各市按完成比例得分，没有年度任务的得平均分
					（4）65个乡镇污水处理设施主体完工（2分）。各市按完成比例得分，没有年度任务的得平均分
			完成柘溪等10座大型水库退养任务、完成166.31万 m^2 畜禽养殖退养任务、完成1392.2万亩[①]农业专业化统防统治、完成5600万亩次农业测土配方施肥	6	（1）完成柘溪等10座大型水库退养任务（1分）。各市按完成比例得分，没有年度任务的得平均分
					（2）完成洞庭湖区166.31万 m^2 畜禽养殖退养任务（1分）。各市按完成比例得分，没有年度任务的得平均分

考核类别	考核内容	分值	具体事项	单项计分	评 分 细 则
一、考核内容	主要任务	55	完成柘溪等10座大型水库退养任务、完成166.31万 m² 畜禽养殖退养任务、完成1392.2万亩①农业专业化统防统治、完成5600万亩次农业测土配方施肥	6	（3）完成1392.2万亩农业专业化统防统治（2分）。各市按完成比例得分，没有年度任务的得平均分
					（4）完成5600万亩次农业测土配方施肥（2分）。各市按完成比例得分，没有年度任务的得平均分
			完成18处船舶污水垃圾收集点建设	2	各市按完成比例得分，没有年度任务的得2分
			完成长江39处非法码头整治（岳阳），其他市州非法码头整治率达30%以上	3	（1）完成非法码头整治工作30%（其中岳阳长江干线39处非法码头要求全部拆除并复绿）（1分）。每少完成5%扣0.2分，扣完为止
					（2）市、县（市、区）成立非法码头整治工作领导小组，制定并发布非法码头整治工作方案（1分）。未成立领导小组扣0.5分；工作方案应包含总体和阶段性目标、工作职责、具体分工、保障措施等内容，以上内容缺失1项扣0.1分，扣完为止
					（3）完成非法码头情况摸底工作并建立工作台账（1分）。台账应包含非法码头名称、所有人名称、所在县区、码头位置（坐标）、属性（临时或永久）、结构形式（固定、浮式、自然岸坡等）、泊位长度、占用岸线性质（港口或非港口）、主要经营货类、投入使用年份、2016年吞吐量、违法违规原因等项目，以上内容缺失1项扣0.1分，扣完为止
			完成长沙县、株洲市试点河段划界工作，其他市州完成河湖及水利工程划界外业调查工作	2	（1）长沙市长沙县完成划界长度12km，株洲市完成城区湘江段划界87km，完成得2分，未完成得0分
					（2）其他市州完成区域内河湖管理范围划定工作方案编制，完成河长制河湖名录管理范围划定所需前期相关资料的调查收集，并形成河湖管理范围划定相关资料清单。调查收集资料内容包括：已开展管理范围划定情况及相关资料、已完成土地使用权不动产登记情况及相关权属来源资料、河湖洪水位值、河湖岸线利用规划资料、针对管理范围划定地方已经出台的相关政策文件以及其他相关资料。完成得2分，未完成得0分
			完成5606.91km沟渠清淤疏浚，开展非法采砂专项整治、河道垃圾清理等工作	7	（1）完成5606.91km沟渠清淤疏浚年度任务（1分）。各市按完成比例得分，没有年度任务的得1分
					（2）完成非法采砂专项整治年度任务（3分）。采砂规划及管理办法未及时出台扣1分；发现非法采砂1次扣0.1分，最多扣1分；出让收入上解率少1个百分点扣0.1分，最多扣1分

续表

考核类别	考核内容	分值	具体事项	单项计分	评 分 细 则
一、考核内容	主要任务	55	完成 5606.91km 沟渠清淤疏浚，开展非法采砂专项整治、河道垃圾清理等工作	7	（3）完成河道垃圾清理年度任务（3分）。监控设施正常运行率少1个百分点扣0.01分，最多扣1分；垃圾及时清运率少1个百分点扣0.01分，最多扣2分
			围绕垃圾不入河、污水不乱排、河道不侵占等内容开展护河专项整治行动	3	每县全年专项行动不少于3次，范围应覆盖全县，每次有具体的行动方案、活动情况、实施效果等佐证材料。一县不达标扣1分，扣完为止
			完成退耕还林还湿（绿带建设）4334 亩	5	湘江流域市州完成试点建设，完成得5分，未完成得0分。其他市州编制试点方案，完成得5分，未完成得0分
	宣传发动	10	宣传活动开展情况	5	每县开展3次以上全面推进河长制专题宣传活动，每次有具体的行动方案、活动情况、宣传报道等佐证材料。一县不达标扣1分，扣完为止
			社会公众监督评价	5	（1）省河长制工作委员会办公室委托第三方进行民意调查并打分（3分）。根据调查统计结果计分
					（2）开展民间河长活动（2分）。开展民间河长活动得2分，未开展得0分
二、附加分	创新做法	3	创新做法、典型经验	3	创新做法、典型经验受到党中央国务院表彰的加3分；受到国家部委和省委、省政府表彰的每次加2分；在中央媒体宣传推广先进经验的每次加1分，最多加3分

① 1 亩≈666.67m²。

四、考核结果运用

（1）对于年度考核良好以上且排名前三位的市州予以通报表扬，在下一年度河湖管理、环境保护类项目资金安排中予以倾斜支持，对年度考核优秀且排名在前的市州下一年度河长制工作免于例行督察；对于年度考核不合格的市州予以通报批评，由省级总河长对其主要负责人进行约谈。

（2）考核结果纳入省委、省政府对市州政府绩效考核内容，作为地方党政领导干部综合考核评价、领导干部自然资源资产离任审计、生态环境损害责任追究和防汛抗灾责任落实的重要依据。

五、考核组织程序和方式

考核实行百分制。同时设附加分3分，鼓励地方创新。考核结果分4个等级，分别为：优秀（90分及以上）、良好（80～89分）、合格（60～79分）、不合格（59分及以下）。发生重大污染事故的、被国家有关部门点名通报批评的，考核结果一律为不合格。

考核工作在省级总河长领导下，由省河长制工作委员会办公室会同省河长制工作委员会成员单位组织实施。其中：省人力资源和社会保障厅（省绩效办）负责与省河长制工作委员会办公室共同确定年度考核指标和权重，将河长制工作纳入年度对市州政府绩效评估指标体系；省河长制工作委员会办公室负责制定年度河长制工作要点和考核方案，承担考核日常工作；相关省成员单位根据年度考核方案职责分工，制定评分标准，负责分工事项考核，参与现场复查。

具体考核程序如下。

（1）方案制定。每年一季度，省河长制工作委员会办公室会同成员单位，依据河长制年度工作要点，制定出台年度考核方案。

（2）地方自评。每年12月初，各市州结合本地区工作情况，对本年度本地区考核完成情况进行自评，和佐证材料一并提供至省河长制工作委员会办公室及有考核任务的省成员单位。

（3）部门初评。每年12月中旬前，有考核任务的省成员单位根据地方自评（佐证材料）和日常考评情况，对分工事项进行打分，和佐证材料一并提供至省河长制工作委员会办公室。

（4）综合考核。每年12月底前，省河长制工作委员会办公室汇总部门打分形成初评分后，会同成员单位组成考核组，以初评分为基础，分组进行现场复查和重点抽查，形成综合评分。

（5）报批与通报。次年1月，省河长制工作委员会办公室汇总综合评分，形成考核结果呈报省级总河长审定。审定同意后报省绩效办和组织部门，并公布考核结果。

六、考核办法分析

考核对象为各市州政府及各市州河长，不仅未明确考核对象对应的考核主体，更未与中央要求保持一致。各市州河长包含市州总河长和省级重要河湖对应的市州河长，考核对象规定过于笼统、不清晰。应尽快按照中央要求，补充和完善相应的考核主体和考核对象。

在考核指标设立时，未理清考核对象之间的差别，采用一套考核指标和评价细则欠妥当。除此之外，应从以下几方面补充考核结果运用。

（1）整改情况作为考核的重要参考。进行下年度河长制考核时，要着重参考上年度考核后的整改情况。

（2）纳入最严格水资源管理制度、水污染防治行动计划实施情况的考核。

（3）明确河长制考核的表彰激励形式、奖励标准等。

值得借鉴与参考的是，湖南省在考核细则中设立附加分3分，并严格规定了附加分的加分标准，积极推动各地市在河长制的基础上进行河湖管理创新。

第九节　四川省河长制考核

一、四川省河长制概况

建立省、市、县、乡四级河（段）长体系（省、市级统称河长，县、乡级统称河段长），鼓励各地设立村级河段长，做到无缝衔接、全面覆盖。实行省全面落实河长制工作领导小组领导下的总河长负责制，省委书记担任领导小组组长，省长担任总河长。省内沱江、岷江、涪江、嘉陵江、渠江、雅砻江、青衣江、长江（金沙江）、大渡河、安宁河10

大主要河流实行双河长制。

市、县、乡党委、政府主要负责同志分别担任辖区内第一总河（段）长、总河（段）长，并分别兼任1条重要河流的河（段）长。市、县、乡级河（段）长设立的指导原则是：省内10大主要河流流经的市、县、乡级河段，分别设立市、县、乡级河（段）长；10大主要河流以外的其他跨省、跨市河流，其流经的市、县、乡河段，分别设立市、县、乡级河（段）长；跨县河流设立市级河长，其流经的县、乡河段，分别设立县、乡级河段长；跨乡河流设立县级河段长，其流经的乡河段，设立乡级河段长；乡内河流设立乡级河段长。省、市、县级河（段）长2017年5月20日前设立，5月底前实现所有河流河（段）长全覆盖。

各级设立总河（段）长，县级及以上设置相应的河长制办公室。省总河长设办公室，主任由省政府分管水利工作的副省长兼任，副主任由省政府有关副秘书长及水利厅、环境保护厅主要负责同志兼任，省直有关部门主要负责同志为成员，实行河长联络员单位制度。省河长制办公室设在水利厅。

二、考核主体和考核对象

《四川省河长制工作省级考核问责及激励办法（试行）》适用于对市级总河长、市级河长和省级河长制工作相关责任部门的考核。其中市级总河长是指各市（州）第一总河长、总河长；市级河长是指全省10大主要河流干流设置的市级河长以及纳入省级考核的其他市级河长；省级河长制工作相关责任部门是指《四川省全面落实河长制工作方案》中主要任务及责任分工所涉及的职能部门。

省总河长负责组织对市级总河长的考核，具体工作由省总河长办公室承担。省级河长负责组织对市级河长的考核，具体工作由省级河长联络员单位会同省河长制办公室承担。省级河长制工作相关责任部门的考核纳入省委、省政府现行考核体系增加相应目标和分值。

三、考核指标和内容

考核主体和考核对象不同，其相应的考核内容也有所差别。

市级总河长考核内容主要包括组织领导、制度建设、机制运行、工作部署、监督管理、措施保障、工作成效、信息报送、新闻宣传、能力建设等河长制工作落实情况和区域内市级河长年度目标任务完成情况。

市级河长考核内容主要包括水资源保护、河湖水域岸线管理保护、水污染防治、水环境治理、水生态修复和执法监督等主要年度目标任务完成情况。

省级河长制工作相关责任部门考核内容主要包括河长制工作任务完成情况、省级河长联络员单位履职情况及省级总河长、省级河长交办任务的完成情况等。

四、考核结果运用

（1）考核结果由省委办公厅、省政府办公厅向全省通报，并送干部组织（人事）、纪检监察和目标绩效管理部门，作为党政领导班子、有关成员综合考核评价及领导干部自然资源资产离任审计和生态环境损害责任追究的重要内容。

（2）对年度考核等次为优秀的予以通报表扬，考核结果作为相关资金分配的重要因素。

（3）年度考核等次不合格的市级总河长和市级河长不得参加各类年度评优、授予荣誉称号等。

（4）年度考核等次为不合格或履行职责不力、发生重大工作失误的市级总河长、市级河长由省总河长和省级河长分别约谈，被约谈的市级总河长、市级河长应分别向省总河长和省级河长做出书面报告、限期整改，逾期整改不到位的，根据有关规定问责。

五、考核组织程序和方式

考核评定采用评分法，满分为 100 分，考核结果分为优秀、良好、合格、不合格四个等次。考核得分在 95 分以上的为优秀，80 分以上至 95 分为良好，60 分以上至 80 分为合格，60 分以下为不合格。

每年 6 月底前，省河长制办公室根据《四川省河长制工作省级考核问责及激励办法（试行）》及年度工作要点、目标清单和任务清单拟制本年度考核实施方案，经省全面落实河长制工作领导小组审定后下达。考核程序分为自查、评估、审核、审定。具体如下。

（1）每年 3 月底前，各市（州）将市级总河长上年度河长制工作考核自查报告报送省总河长办公室，将市级河长上年度河长制工作考核自查报告报送省级河长及联络员单位抄送省总河长办公室。

（2）每年 3 月底前评估机构将年度河长制工作评估结果报省总河长办公室。

（3）省总河长办公室负责市级总河长年度河长制工作的审核，省级河长组织联络员单位和省河长制办公室负责市级河长年度河长制工作的审核，审核工作采取听取汇报、查阅资料、实地检查等方式进行。审核结果于每年 5 月底前送省总河长办公室。

考核范围以外的市级河长年度考核由市级总河长负责考核结果，于每年 4 月底前送省总河长办公室备案。

（4）每年 6 月底前，省总河长办公室将市级总河长、市级河长上年度河长制工作的审核结果报省全面落实河长制工作领导小组审定。

六、考核办法分析

四川省河长制考核办法相对来说是比较符合中央文件要求的，但是尚未明确激励奖励标准，应尽快予以补充完善。

按照考核主体和考核对象，四川省河长制考核可以分为省总河长负责组织对市级总河长的考核、省级河长负责组织对市级河长的考核具体、省级河长制工作相关责任部门的考核，与中央文件要求相一致，并且针对不同的考核主体和考核对象，考核内容也有所区分。

第八章

关于不断完善河（湖）长制考核机制的几点思考

全面推行河（湖）长制就是要建立党委统一领导、各级党政领导负责、各职能部门齐抓共管以及社会各界广泛参与的水生态文明建设的体制机制，立足于以责任制为龙头，推进各部门间的职能优化组合，通过综合治理尽快实现绿水青山的河湖水生态治理目标。为此，不断完善河（湖）长制工作考核机制和考核办法至关重要。

1. 要切实落实各级考核主体的责任

《关于全面推行河长制的意见》规定，县级及以上河长负责组织对相应河湖下一级河长进行考核。县级及以上河长乃至中央政府的河长制主管部门都要真正肩负起考核主体的责任。要彻底摒弃走马观花式的检查考核和流于形式的汇报考核，应采取政府购买服务的方式聘请第三方机构进行实地考核，以确保考核结果的真实性、客观性、有效性和公信度，以问题为导向，以考核促落实。要把监督考核工作列入各级河长制办公室的年度工作计划，落实经费预算，负责组织实施。考核工作要严肃认真动真格，把发现问题、寻找差距、促进整改、推动工作、实现目标作为考核工作的出发点和落脚点，实实在在地抓好考核。

2. 要建立科学的考核评价指标体系

目前各地开展的河长制考核更多的是考核评价河长制建立情况和其相应工作任务的完成情况，并未完全涵盖河湖管理的方方面面，更没有直奔目标全面考核评价河湖管理保护的效果。今后的考核应直接面对河湖管理成效设立考核评价指标，紧盯"水清、河畅、岸绿、景美"的河湖管理保护目标找差距，建立一套科学的考核评价指标体系，尽量少用主观性指标，多选择客观性指标，以真正反映河（湖）长制的工作成效。要以维护河湖健康生命、实现河湖功能永续利用为目标导向，从管理基础与保障、管理能力与水平、管理成效三方面，构建一整套包含管理基础、工程管理、资源管理、空间管理、社会管理、自然生态、服务功能等指标的河湖管理保护考核评价指标体系，并制定具有较强可操作性的评价细则，根据河湖管理的差异性提出评价标准，力争对河湖管理进行全方位科学评价。

3. 要充分考虑考核指标差异性和动态化

考核的指标体系应该根据考核对象的不同而有差异性，必须与考核对象的职责和任务相匹配，同时还要实行动态管理不断更新，因为河长制各个阶段的任务不同，年度工作目标也不相同，各个地区河湖管理实际也不相同。在构建河长制考核指标时，应注意与阶段性任务相一致，与年度工作要点相衔接，与各地河湖管理实际相符合，因此构建河长制考核指标体系应着重考虑以下方面：一是应根据总体目标、阶段性任务和年度重点工作，对指标和权重进行实时检查、分析、反馈和调整，保证指标体系的整体动态优化和指标权重的适宜性，使得考核结果更有针对性、时效性、导向性等；二是各级考核主体应当根据考核对象的实际情况制定切合实际的考核指标和办法，充分体现差异性，例如山区水质容易控制，平原地区很难，不仅土壤颗粒很细，水体混浊，而且水体不易流动，水质难以保证，同样的考核标准不合理。除此之外，不同级别的河长职责不相同，考核的标准也不应相同。

4. 要积极构建社会公众广泛参与的考核机制

社会公众作为水生态环境的直接利害关系人，享有法律赋予的知情权、参与权和监督权，构建社会公众广泛参与的考核监督机制，有利于调动广大人民群众的积极性参与社会管理，提高社会管理的效率和效益。因此河长制考核可以从以下几个方面吸引公众参与。

（1）在河长制考核中，引入公众评价，将公众对河长制工作及成效的满意度测评作为河长制考核指标之一。

（2）拓宽公众参与的途径，要积极利用网络信息平台，及时全面公开与河长制管理相关的信息，通过手机 APP 等信息手段方便群众参与管理和监督。

（3）将河长制考核指标和考核办法充分征求公众意见等。及时通过新闻媒体、网络等渠道或平台予以公布，广泛听取和吸收民众意见。同时加强宣传、引导，重视和鼓励具有一定专业能力、组织能力和执行能力的组织参与到河长制工作中来，不断增强公众对河流和湖泊的保护责任意识，鼓励公众积极参与河长制的实施。

另外，在建立湖长制考核机制时，还应充分考虑湖泊的特殊性。湖泊一般有多条河流汇入，河湖关系复杂，湖泊管理保护需要与入湖河流通盘考虑、统筹推进；湖泊水体流动相对缓慢，水体交换更新周期长，营养物质及污染物易富集，遭受污染后自我修复能力弱，治理难度大。在建立湖长制考核机制时，还要注意湖泊与河流的差异性，设立专门针对湖泊的考核指标。比如注重在湖泊保护过程中水生态、水环境治理全过程的监管与考核，以考核为抓手落实更加严格的管理保护措施，并在考核办法中列出量化的标准，包括统筹治理工矿企业污染、畜禽养殖污染、水产养殖污染、农业面源污染、船舶港口污染等，以体现湖泊水生态保护的特殊性。

附　　录

附录1　江苏省河长制工作考核办法

一、总则

第一条　为贯彻省委办公厅、省政府办公厅《关于在全省全面推行河长制的实施意见》，进一步加强我省河湖管理保护，结合我省实际制定本办法。各市、县级河长制工作考核办法可参照制定。

第二条　考核工作坚持日常监督考评与年终考核相结合、市级自评与省级考核相结合、部门测评和第三方监测相结合。

第三条　本办法适用于省级对设区市河长制工作考核（以下简称"设区市考核"）、省级河长对所管河湖市级河长考核（以下简称"分段考核"）、省河长制工作领导小组对其成员单位考核（以下简称"成员单位考核"）。

第四条　考核工作由省级总河长统一领导，省河长制工作领导小组组织省河长制工作办公室（以下简称省河长办）、省级相关部门和单位具体实施。

第五条　考核内容包括河长制建立与运行、河长履职与任务完成、河湖长效管护与成效、市县乡村四级河长随机抽查考核等情况。

二、考核方式与流程

第六条　每年年初，省河长办组织制定年度考核细则，经省河长制工作领导小组审定后印发实施。

第七条　考核流程如下：

（一）开展自评。各设区市对照年度工作任务和考核细则先行完成自查，形成设区市考核自评报告和分段考核自评报告，经设区市总河长、市级河长签字确认后，报送省河长办。

（二）检测评估。省河长办组织第三方评估机构进行监测评估。

（三）现场考核。河长制工作领导小组成立考核组，集中开展设区市考核和分段考核。

（四）结果审定。省河长办汇总考核结果，设区市和成员单位考核结果报总河长审定，分段考核结果报省级河长审定。

三、考核等级与奖惩

第八条　设区市考核和分段考核结果均分为优秀、良好、合格、不合格四个等次。省河长制工作领导小组分别对考核优秀的设区市和市级河长颁发"江苏省优秀总河长"和"江苏省优秀河长"证书。

第九条　考核结果全省通报，并报送省委、省政府，抄送省委组织部，作为地方党政领导干部选拔任用、自然资源资产离任审计的重要依据。考核结果同时与省级河湖管理、保护、治理补助资金挂钩。

第十条 对考核评价工作中弄虚作假、虚报瞒报的单位和个人，予以通报批评。涉嫌违纪的，由纪检监察机关依法依纪处理。

四、附则

第十一条 成员单位考核纳入省政府对省级部门和单位的年度绩效考核内容。

第十二条 省河长制工作领导小组每年对河长制工作成绩突出的单位和个人进行表彰，由省河长办具体组织实施。

第十三条 本办法由省河长办负责解释。自印发之日起施行。

附录 2　北京市河长制工作考核制度

一、本制度适用于市级河长对区级河长的考核。区、乡镇（街道）级河长对下一级河长进行考核的相关制度由各区、各乡镇（街道）结合实际制定。

二、市河长制办公室负责按照市级河长的要求开展具体考核工作。考核工作坚持全面监督与重点考核相结合、定量评价与定性评估相结合、日常巡查与年终抽查相结合的原则。

三、考核内容主要包括：

（一）河长体系和工作机制建设情况。包括设立各级河长、出台工作方案、开展舆论宣传、落实相关经费等情况。

（二）河长制工作任务完成情况。包括水污染治理、水环境治理、水生态治理、水资源管理、河湖岸线管理、执法监督管理各项任务完成情况。

四、考核流程如下：

（一）制定方案。市河长制办公室组织成员单位根据年度工作重点，制定考核方案和考核细则，明确考核指标、评分标准、承担部门、时间安排等内容。

（二）日常巡查。市河长制办公室组织成员单位对各区进行日常巡查，对发现的河湖及周边垃圾渣土乱堆乱倒、存在大面积水面漂浮物、污水直排、水体恶臭、违法建设等问题予以通报并监督整改，将巡查及整改情况纳入年底综合考核。

（三）开展自查。每年11月底前，各区对河长履职情况和河长制工作开展情况进行自查，并将自查报告报市河长制办公室。

（四）综合考核。每年年底前，市河长制办公室组织成员单位成立考核组，对各区河长制工作情况进行综合考核。考核组通过听取汇报、现场抽查、查阅台账资料等方式了解各区河长履职情况和河长制工作开展情况，按照年度考核方案和考核细则进行综合评分。综合评分实行百分制，90分（含）以上为优秀、80分（含）至90分为良好、60分（含）至80分为合格、低于60分为不合格。

五、市河长制办公室将考核结果报送市委、市政府，纳入对各区党政领导干部综合考核评价内容。

附录3　广东省全面推行河长制工作考核办法（试行）

第一章　总　　则

第一条　为贯彻落实绿色发展理念，推进生态文明建设，建立健全河湖治理体系，全面推进我省河长制工作，确保目标任务按期完成，根据《中共中央办公厅、国务院办公厅印发〈关于全面推行河长制的意见〉的通知》（厅字〔2016〕42号）、《中共广东省委办公厅、广东省人民政府办公厅关于印发〈广东省全面推行河长制工作方案〉的通知》（粤委办〔2017〕42号）等有关规定，结合我省实际，制定本办法。

第二条　本办法适用于省级总河长对各地级以上市总河长（含第一总河长、副总河长，下同）、省级流域河长对其流域内各地级以上市流域河长的考核。

第三条　河长制工作考核坚持客观公正、科学合理、系统综合、规范透明、奖惩并举等原则。

根据不同河湖管理特点和要求，实行差异化考核评价。

第四条　考核工作在省级总河长统一领导下进行，省河长制办公室会同省环境保护厅、国土资源厅、住房城乡建设厅、水利厅、农业厅、林业厅、广东海事局等单位组成考核工作组，负责组织实施，每年考核一次。

第二章　考核内容与方式

第五条　河长制工作考核主要对各地级以上市总河长、流域河长年度推行河长制目标任务完成情况和河长履职情况进行考核。

河湖考核范围包括我省东江、西江、北江、韩江及鉴江和纳入地市河长制实施方案的市级河长负责的河湖。

第六条　河长制考核包括指标考核、工作测评和公众评价等三部分。

考核指标、工作测评、公众评价等考核内容的具体评分细则，由省河长制办公室会同考核工作小组成员单位另行制定。

第七条　指标考核主要包括水资源保护、水安全保障、水污染防治、水环境改善、水生态修复、水域岸线管理、执法监管等七大类指标。分别按行政区和河湖设定考核指标，行政区类指标考核对象为市级总河长，河湖类指标考核对象为市级流域河长。指标考核的详细情况见附件1（略），各考核指标年度目标值由省河长制办公室会同考核工作组成员单位另行制定。

第八条　工作测评主要包括河长制体制机制建设、河长履职、任务落实等内容。按各市总河长、流域河长的职责，分别制定相应的工作测评，见附件2（略）。省河长制办公室会同考核工作组成员单位根据考核工作实际进行修订。

第九条　公众评价主要调查公众对所在流域的河长制建设、河湖管理和保护等工作的满意度，由第三方评估机构通过门户网站、微信公众号等开展网络问卷调查的形式进行。

第十条　市级流域河长考核得分由河湖的指标考核得分、流域河长工作测评得分和流域河长公众评价得分构成。市级总河长考核得分由行政区内各市级流域河长平均得分、行政区指标考核得分以及总河长工作测评得分构成。

第十一条　考核评定采用评分制，满分为100分。考核结果划分为优秀、良好、合格、不合格四个等级，90分以上为优秀、80分以上至90分以下为良好、60分以上至80分以下为合格、60分以下为不合格（以上包括本数，以下不包括本数）。

第十二条　下列情况之一者，年度考核结果为不合格：报送考核数据资料弄虚作假；饮用水水源保护区突发水环境事件应对不力，严重影响供水安全，造成社会不良影响；存在对投诉人、控告人、检举人打击报复的；行政区内一半以上市级流域河长考核结果不及格的，总河长考核结果为不合格。

市级流域河长考核不合格的，所在行政区市级总河长考核不得评定为优秀等级；指标考核得分低于60分或者考核指标明显恶化变差的，总河长、流域河长不得评定为优秀等级。

第三章　考核组织和程序

第十三条　省河长制办公室会同考核工作组成员单位于3月底前制定省级河长制考核年度实施方案。实施方案应包括年度考核指标、考核评价标准及分值、计分方法及计划安排等。

省考核评分责任单位负责制定本部门的考核指标及其分解、计分方法及评分工作，报送省河长制办公室汇总。

第十四条　各市总河长应在12月底前将本地区本年度河长制工作考核自查报告上报省政府，同时抄送省河长制办公室及考核工作组成员单位。

第十五条　省考核评分责任单位应在每年1月初前将本部门负责的考核指标评分结果报省河长制办公室汇总。

第十六条　考核工作组根据需要进行实地考核，并结合领导干部自然资源资产离任审计及整改情况等结果，于每年1月底前形成上年度考核总结报告，经省级总河长、副总河长审定后，予以通报。

第四章　结　果　运　用

第十七条　考核结果送交组织人事部门，作为地方党政领导干部综合考核评价的重要依据。

第十八条　对考核结果为优秀的总河长、流域河长，省人民政府予以通报表扬。

省级发展改革、财政等部门将考核结果作为水利、环保、住建、国土、农业、林业等相关领域项目安排和资金分配优先考虑的重要参考依据。

第十九条　对考核结果为不合格的总河长、流域河长，省人民政府予以通报批评，由省级总（副）河长或河长组织约谈。

第二十条　考核不合格的总河长、流域河长，应在考核结果公告后一个月内，向省级总河长、流域河长做出书面报告，提出限期整改措施。

第二十一条　对整改不到位的，由相关部门依法依纪追究该地区有关责任人员的责任。对生态环境损害明显、责任事件多发的河湖河长和相关负责人（含已经调离、提拔、退休的），按照《广东省党政领导干部生态环境损害责任追究实施细则》等规定，进行责任追究。

第五章　考　核　纪　律

第二十二条　建立考核工作责任制。相关责任部门、第三方评估机构和工作人员要增强责任意识，严肃工作纪律，准确采集、汇总、上报数据，严格把关，确保数据质量，对河长制工作做出全面、客观、公正评价。因违反规定导致考核结果严重失真失实的，按有关规定追求相关责任人的责任。

第二十三条　对在考核工作中不如实提交考核数据和资料，或者伪造、编造、篡改考核数据和资料的地区，对有关领导和直接责任人员依法依纪追究责任。

第六章　附　　则

第二十四条　各地级以上市要根据本办法，结合当地实际，制定本行政区内实行河长制工作考核办法。

第二十五条　本办法自发布之日起施行。

附录 4　山东省河长制工作省级考核办法

第一条　为深入贯彻落实党中央、国务院关于全面推行河长制的重大决策部署，根据省委办公厅、省政府办公厅印发的《山东省全面实行河长制工作方案》要求，结合工作实际，制定本办法。

第二条　省总河长是全省河湖管理保护的第一责任人，对河湖管理保护负总责；其他各级河长是相应河湖管理保护的直接责任人，对相应河湖管理保护分级分段负责。

第三条　本办法适用于省总河长（或省副总河长）对市级总河长、省河长制办公室成员单位的考核以及省级河长对相应河湖市级河长的考核。

第四条　考核工作采取统一协调与分工负责相结合，定性评估与定量评价相结合，自查与抽查相结合，日常考核与年终考核相结合的方式进行。

第五条　考核工作围绕河长制总体要求和目标任务，坚持突出重点、注重工作成效的原则；坚持问题导向，注重整改落实的原则；坚持实事求是，注重激励问责的原则；坚持客观公正，注重发挥社会监督作用的原则。

第六条　根据被考核对象不同，考核工作分为对市级总河长的考核、对市级河长的考核和对省河长制办公室成员单位的考核。

（一）对市级总河长的考核。由省总河长（或省副总河长）进行考核，省河长制办公室负责组织，有关成员单位依据职责分工负责具体实施。

（二）对市级河长的考核。由省级河长对相应河湖涉及的市级河长进行考核，省级河长联系单位负责组织，省河长制办公室负责协调和指导，有关成员单位依据职责分工负责具体实施。

（三）对省河长制办公室成员单位的考核。由省总河长（或省副总河长）进行考核，省河长制办公室负责组织实施。

第七条 考核内容

（一）对市级总河长的考核

主要包括省总河长、省副总河长、省级河长部署事项落实情况；年度工作任务完成情况；督察督办事项落实情况；工作制度建立和执行情况；工作机制建立和运行情况等。

（二）对市级河长的考核

主要包括省总河长、省副总河长、省级河长部署事项落实情况；省级重要河湖年度工作任务完成情况；督察督办事项落实情况等。

（三）对省河长制办公室成员单位的考核

主要包括省总河长、省副总河长、省级河长部署事项落实情况；工作责任落实情况；目标任务完成情况；督办事项落实情况；信息报送情况；牵头部门专项实施方案制定和实施情况等。

第八条 考核评分

（一）对市级总河长、市级河长的考核

考核由日常考核和年终考核两部分组成，实行千分制。根据被考核对象不同，对市级总河长和市级河长的考核，分别由省河长制办公室、省级河长联系单位根据年度任务分工和工作重点，将考核分值分解到相关成员单位，由相关成员单位结合工作实际细化考核内容、考核指标、评分标准、计分方法等，并负责考核评分。

（二）对省河长制办公室成员单位的考核

考核由日常考核和年终考核两部分组成，实行百分制。省河长制办公室负责考核分值分解，并具体负责日常考核评分。各成员单位根据考核分值和任务分工，制定年度考核内容、考核指标、评分标准、计分方法等，由省河长制办公室统筹确定评分细则并组织对其进行年终考核。

第九条 考核结果评定

（一）对市级总河长、市级河长的考核

考核结果分为优秀、良好、合格、不合格四个等次。其中评分900分（含）以上为优秀、800分（含）至900分为良好、600分（含）至800分为合格、600分以下为不合格（即未通过考核）。其中，对市级河长的考核评定等次为合格及以下的，对其所在市市级总河长的考核不得评定为优秀等次。

（二）对省河长制办公室成员单位的考核

考核结果分为优秀、良好、合格、不合格四个等次。其中评分90分（含）以上为优秀、80分（含）至90分为良好、60分（含）至80分为合格、60分以下为不合格（即未通过考核）。

第十条 省河长制办公室负责整理汇总考核内容、考核指标、评分标准、计分方法等，在此基础上每年视情况修订考核实施细则，经省总河长会议审议通过后印发执行。

第十一条 考核步骤

（一）日常考核。被考核对象要建立工作台账，及时将有关工作情况进行整理汇总。

考核具体实施主体根据考核内容和考核指标，对日常工作开展情况每季度进行一次考核。

（二）自查评分。被考核对象对照考核内容和评分标准进行全面的自查和评分，并形成自查报告。根据不同的考核实施主体，于每年 12 月 31 日前分别报省河长制办公室或相应的省级河长联系单位。

（三）年终考核。每年开展一次，年底开始，次年 2 月底前完成。其中对市级总河长、市级河长的考核由省河长制办公室相关成员单位采取现场抽查的方式对工作任务完成情况进行评估；对省河长制办公室成员单位的考核由第三方评估机构采取现场核查的方式对工作情况进行评估。

（四）综合评价。考核结束后，负责考核的省河长制办公室相关成员单位或第三方评估机构要对考核结果进行综合分析，并形成书面报告。其中，对市级总河长和省河长制办公室成员单位的考核结果报省河长制办公室，由省河长制办公室进行汇总整理后将考核结果报省总河长（或省副总河长）审定；对市级河长的考核结果报省级河长联系单位，由省级河长联系单位负责汇总整理后报省级河长审定，并报省河长制办公室备案。

第十二条　考核中发现下列问题之一的，考核结果为不合格：

（一）涉河湖范围内发生重大环境事件。

（二）重要饮用水水源地发生水污染事件应对不力，严重影响供水安全。

（三）违反相关法律法规，不执行水量调度计划，情节严重的。

（四）干预、伪造考核数据、资料，人为干扰考核工作的。

（五）纪检、监察、审计等发现违法问题，情况严重的。

第十三条　考核结果统一由省河长制办公室予以通报，并交由干部主管部门作为地方党政领导干部综合考核评价的重要依据。

第十四条　对在河湖管理保护工作中措施得力、效果显著的，予以通报表扬；对连续两年考核排名处于末位的，由有关责任人向省总河长（或省副总河长）、省级河长做出书面说明，省河长制办公室下达整改意见，并督促整改落实。落实不力或未通过年度考核的，由省总河长（或省副总河长）、省级河长进行约谈。

第十五条　参与考核的人员应当严守考核工作纪律，坚持原则，保证考核结果的公正性和公信力。被考核对象应当及时、准确提供相关数据、资料和情况，主动配合开展相关工作，确保考核顺利进行。对不负责任、造成考核结果失真失实的，将严肃追究有关人员责任。

附录 5　山西省河长制工作考核问责和激励制度（试行）

为推进河长制各项工作顺利开展，及时全面掌握全省河长制工作进展情况，确保河长制工作全面落实，根据《山西省全面推行河长制实施方案》，结合实际，制定本制度。

一、考核问责

（一）考核对象

各市人民政府，省直有关单位。

（二）考核原则

开展河长制工作年度考核，按照年初制定的河长制工作目标制定考核方案，确定考核内容和重点。对各市河长制工作专项考核，由省河长制办公室组织，省直有关单位按照职责分工分别负责。

（三）考核内容

1. 任务完成情况。包括《山西省全面推行河长制实施方案》、推进河长制工作年度工作目标等文件所制定的主要任务完成情况。

2. 综合治理工作。包括河长制组织体系、政策制度、年度计划、问题处置、督导检查、信息报送、工作台账等日常工作开展情况。

（四）考核方式

考核方式采取工作汇报、现场检查、查阅台账资料、召开座谈会等方式进行。考核前，被考核对象应牵头组织对照标准进行自查，形成自查报告，并做好考核准备工作。

考核项目主要包括：河长制制度落实情况（30分）、河长履职情况（30分）、目标任务完成情况（30分）、日常工作配合度评价（10分）（考核细则待定）。

（五）考核程序

1. 制定考核方案。根据年初制定的河长制工作目标，省河长制办公室负责制定年度考核方案，报省总河长会议研究审定。主要包括：考核指标及权重、考核评价标准及分值、计分方法及时间安排等。

2. 开展年度考核。根据考核方案，由省河长制办公室组织，省直有关单位按照职责分工考核各市人民政府，省直有关单位间采取交叉考核。

3. 公布考核结果。计算各市、县（市、区）单个指标的分值和综合得分，由省河长制办公室汇总，并报省总河长和省副总河长批准后，公布考核结果。

（六）考核结果运用

1. 考核结果划分为优秀、合格、不合格三个等级，90分（含）以上为优秀，60分（含）至89分为合格，60分以下为不合格。

2. 年度考核排名倒数第一且考核结果不合格的河长，由上一级河长对其进行诫勉谈话；年度考核排名倒数第二且考核结果不合格的河长，对其发出预警提示。

3. 对连续三次考核排名后两位且有一次考核不合格的河长，实行"一票否决"，建议对其工作岗位进行调整，并在两年内不予提拔重用；对连续两次考核排名后两位且有一次考核不合格的河长，予以通报批评，并由上一级河长对其进行诫勉谈话。

4. 考核结果不合格的市、县（市、区）及省直有关单位，应在考核结果通报一个月内，提出整改措施，向省河长制办公室书面报告。

5. 考核结果作为干部任用与问责的重要依据，作为省直有关单位年度预算安排的重要依据。

6. 考核结果抄送组织、人事、财政、考核办等有关单位。

（七）责任追究

1. 对在河长制工作考核中负有责任的干部，不得提拔任用或者转任重要职务，取消当年年度考核评优和评选各类先进的资格。

2. 实行河长制工作考核责任终身追究制，不论是否已调离、提拔或退休，都必须严格追责。

3. 做出责任追究的机关及部门，一般应当将责任追究决定向社会公开。

4. 责任追究决定被撤销的，应当恢复责任追究对象原有待遇，不影响评优评先和提拔任用。

二、激励制度

（一）表彰原则

1. 面向基层、面向工作一线。

2. 公开、公平、公正。

3. 遵循精神奖励与物质奖励相结合，以精神奖励为主。

4. 坚持"少而精"，严格控制评选范围、标准、条件、比例、名额，确保奖励表彰的先进性、代表性和创造性。

（二）表彰范围

包括集体和个人。集体指全省范围内的各市、县、乡政府；个人包括河长和自然人，河长指各市、县（市、区）、乡（镇、街道）、村级河长。

（三）表彰类型

表彰类型包括"河长制工作先进集体""优秀河长"和"优秀个人"。

（四）评选条件

表彰结合河长制工作年度考核进行，原则上三年一次。

1. "河长制工作先进集体"评选条件：对近三年任意两个年度考核为优秀且另外一个年度考核为合格或以上的，按三年总分高低进行排序，对得分排在前 2 名的市、前 5 名的县（市、区）和乡政府予以表彰。

2. "优秀河长"评选条件：近三年任意两个年度考核为优秀且另外一个年度考核为合格或以上的市、县（市、区）乡各推荐 1 名和 5 名优秀河长，其中推荐的县级河长数量最多不得超过 2 名。

3. "优秀个人"评选条件：对在推行河长制工作中取得突出成绩的相关人员，由各相关部门和各市推荐，全省不超过 5 名。

（五）表彰程序

1. 根据近三年的考核结果，由省河长制办公室确定拟表彰集体。

2. 对符合表彰条件的"优秀河长"和"优秀个人"，采取由乡（镇、街道）到县（市、区）、由县（市、区）到设区市、由设区市到省的形式，在广泛征求意见的基础上上报先进材料、提出推荐意见，逐级上报，由省河长制办公室初审提出拟表彰人选。

3. 省河长制办公室将拟表彰集体及人选的相关材料报省级河长会议审议通过。

4. 省人力资源和社会保障厅会同省河长制办公室对拟表彰集体及人选名单进行初审，在全省范围内公示并报省政府审定后予以表彰。

5. 经省政府批准的表彰名单，由省河长制办公室通过媒体向社会公布。

（六）奖励形式和标准

省政府向受表彰的集体授予"河长制工作先进集体"荣誉奖牌，向受表彰的个人授予

"优秀河长""优秀个人"荣誉证书并奖励 2000 元。奖励经费从省级水利经费中支出。

（七）表彰撤销

有下列情形之一的，由省政府决定撤销其表彰。

1. 弄虚作假，骗取表彰的。

2. 申报表彰时隐瞒严重错误或严重违反规定程序的。

3. 法律、法规规定应当撤销表彰的其他情形的。

撤销表彰，由获得者所在地人民政府或者上级河长制办公室提出，经省人力资源和社会保障厅会同省河长制办公室审核后，报省政府批准。对被撤销表彰的个人，收回其奖牌和证书，并追回奖金。

附录6　江西省河长制工作考核问责办法

为进一步推动各级政府履行职责，促进河长制工作贯彻落实，根据《水利部办公厅关于加强全面推行河长制工作制度建设的通知》（办建管函〔2017〕544 号）和《中共江西省委办公厅、江西省人民政府办公厅印发〈关于以推进流域生态综合治理为抓手打造河长制升级版的指导意见〉的通知》（赣办发〔2017〕7 号）、《省委办公厅、省政府办公厅关于印发〈江西省全面推行河长制工作方案（修订）〉的通知》（赣办字〔2017〕24 号），结合工作实际，建立和完善江西省河长制工作考核问责办法。

一、考核对象

各设区市、县（市、区）人民政府。

二、考核原则

（一）协调性原则。河长制考核与年度河长制工作要点相衔接、同部署。

（二）动态性原则。按照省级总河长会议确定的年度工作要点制定年度考核方案，确定考核内容和重点。

（三）权责相应原则。考核工作按照职责分工，由省级责任单位分别负责。涉及河长制工作综合考核，由省河长制办公室组织考核。

三、考核程序

（一）制定考核方案。根据河长制年度工作要点，省河长制办公室负责制定年度考核方案报总河长会议研究确定。方案主要包括考核指标、考核评价标准及分值、计分方法及时间安排等。

（二）开展年度考核。根据考核方案，省河长制办公室、省级责任单位根据分工开展考核。

（三）公布考核结果。计算各设区市、县（市、区）单个指标的分值和综合得分，及时公布考核结果。

四、考核分工

省河长制办公室负责河长制考核的组织协调工作，统计及汇总考核结果。

省统计局（省考评办）负责将河长制考核纳入市县科学发展综合考核评价体系，指导河长制工作考核。

省发改委（省生态办）负责将河长制考核纳入省生态补偿体系。

相关省级责任单位根据考核方案中的职责分工制定评分标准和确定分值，并承担相关考核工作。

五、考核结果运用

（一）考评结果纳入市县科学发展综合考核评价体系。

（二）考评结果纳入生态补偿机制。

（三）考核结果抄省级责任单位及综治办等有关部门。

六、责任追究

河长制工作责任追究纳入《江西省党政领导干部生态环境损害责任追究实施细则（试行）》执行，对违规越线的责任人员及时追责。

附录 7　九江市河长制工作考核问责办法

为推动各级政府履行职责，促进河长制工作贯彻落实，根据《江西省河长办公室关于切实抓好河长制制度建设相关工作的通知》（赣河办字〔2017〕35 号）和《中共九江市委办公厅　九江市人民政府办公厅关于印发〈九江市全面推行河长制工作方案（修订）〉的通知》（九办字〔2017〕23 号），结合工作实际，制定本办法。

一、考核对象

各县（市、区）人民政府，九江经济技术开发区、庐山西海风景名胜区、八里湖新区管委会。

二、考核原则

（一）协调性原则。河长制考核与年度河长制工作要点相衔接、同部署。

（二）动态性原则。按照市级总河长会议确定的年度工作要点制定年度考核方案，确定考核内容和重点。

（三）权责相应原则。考核工作按照职责分工，由市级责任单位分别负责。涉及河长制工作综合考核，由市河长办公室组织考核。

三、考核程序

（一）制定考核方案。根据河长制年度工作要点，市河长办公室负责制定年度考核方案报总河长会议研究确定。方案主要包括考核指标、考核评价标准及分值、计分方法及时间安排等。

（二）开展年度考核。根据考核方案，市级责任单位根据分工开展考核。

（三）公布考核结果。计算各县区单个指标的分值和综合得分，及时公布考核结果。

四、考核分工

市河长办公室负责河长制考核的组织协调工作，统计及汇总考核结果。

市委组织部（市考评办）负责将河长制考核纳入县级科学发展综合考核评价体系，指导河长制工作考核。

市发改委（市生态办）负责将河长制考核纳入市生态补偿体系。

相关市级责任单位根据考核方案中的职责分工制定评分标准和确定分值，并承担相关考核工作。

五、考核结果运用

（一）考评结果纳入县级科学发展综合考核评价体系。

（二）考评结果纳入生态补偿机制。

（三）考核结果抄送组织、人事、综治办等市有关部门。

六、责任追究

河长制工作责任追究纳入《江西省党政领导干部生态环境损害责任追究实施细则（试行）》执行，对违规越线的责任人员及时追究。

附录8　湖南省河长制工作考核办法（试行）

第一条　为引导地方党委、政府进一步加强河长制工作，落实属地责任，健全长效机制，根据中共湖南省委办公厅、湖南省人民政府办公厅《关于全面推行河长制的实施意见》（湘办〔2017〕13号），制定本办法。

第二条　考核工作坚持统一协调与分工负责相结合、日常考评与集中考核相结合、佐证材料与现场抽查相结合的原则。

第三条　考核对象为各市州政府及各市州河长。

第四条　考核工作在省级总河长领导下，由省河长制工作委员会办公室（以下简称"省河长办"）会同省河长制工作委员会成员单位（以下简称"省成员单位"）组织实施。其中：省人力资源和社会保障厅（省绩效办）负责与省河长办共同确定年度考核指标和权重，将河长制工作纳入年度对市州政府绩效评估指标体系；省河长办负责制定年度河长制工作要点和考核方案，承担考核日常工作；相关省成员单位根据年度考核方案职责分工，制定评分标准，负责分工事项考核，参与现场复查。

第五条　考核采取以下步骤：

（一）方案制定。每年一季度，省河长办商省成员单位，依据河长制年度工作要点，制定出台年度考核方案。

（二）地方自评。每年12月初，各市州结合本地区工作情况，对本年度本地区考核完成情况进行自评，和佐证材料一并提供至省河长办及有考核任务的省成员单位。

（三）部门初评。每年12月中旬前，有考核任务的省成员单位根据地方自评（佐证材料）和日常考评情况，对分工事项进行打分，和佐证材料一并提供至省河长办。

（四）综合考核。每年12月底前，省河长办汇总部门打分形成初评分后，会同省成员单位组成考核组，以初评分为基础，分组进行现场复查和重点抽查，形成综合评分。

（五）报批与通报。次年1月，省河长办汇总综合评分，形成考核结果呈报省级总河长审定。审定同意后报省绩效办和组织部门，并公布考核结果。

第六条　考核实行百分制。同时设附加分3分，鼓励地方创新。地方创新做法、典型经验受到党中央、国务院表彰的加3分；受到国家部委和省委、省政府表彰的每次加2分；在中央媒体宣传推广先进经验的每次加1分，最多加3分。

考核结果分4个等级，分别为：优秀（90分及以上）、良好（80～89分）、合格（60～

79 分）、不合格（59 分及以下）。发生重大污染事故的、被国家有关部门点名通报批评的，考核结果一律为不合格。

第七条 对于年度考核良好以上且排名前三位的市州予以通报表扬，在下一年度河湖管理、环境保护类项目资金安排中予以倾斜支持，对年度考核优秀且排名在前的市州下一年度河长制工作免于例行督察；对于年度考核不合格的市州予以通报批评，由省级总河长对其主要负责人进行约谈。

第八条 考核结果纳入省委、省政府对市州政府绩效考核内容，作为地方党政领导干部综合考核评价、领导干部自然资源资产离任审计、生态环境损害责任追究和防汛抗灾责任落实的重要依据。

附录 9　山东省河长制工作省级督察督办制度

第一章　总　　则

第一条 为扎实有效地推进我省河长制工作，确保按时完成各项目标任务，根据《山东省全面实行河长制工作方案》关于"建立工作督察督办制度"的要求，结合工作实际，制定本制度。

第二条 本制度适用于河长制工作省级督察督办。

第三条 督察督办围绕河长制中心工作，坚持"突出重点、实事求是、协调配合、务求实效"的原则。

第二章　督　察　制　度

第四条 督察工作分为全面督察和专项督察。全面督察由省河长制办公室负责组织协调，有关成员单位参与。专项督察参照全面督察程序进行。其中省级重要河湖专项督察由省级河长联系单位负责组织协调，有关成员单位参与。

第五条 全面督察原则上每年两次，专项督察可根据工作需要不定期开展。督察对象为下级总河长、副总河长、河长和河长制办公室。

第六条 督察的主要内容包括省总河长、省副总河长、省级河长部署事项落实情况；下级总河长、副总河长、河长履职情况；下级河长制办公室日常工作开展情况；河湖管理和保护年度任务完成情况；河长制实施成效等。

第七条 督察工作严格按照下列程序进行：

（一）立项登记。根据省总河长、省副总河长、省级河长的批示要求和河湖管理保护工作需要，省河长制办公室确定督察事项，报省总河长或省副总河长同意后进行立项；省级河长联系单位督察事项报省级河长同意后进行立项。

（二）拟定方案。督察立项后，根据督察事项拟定工作方案，明确督察方式、人员、任务、工作要求、完成时限等，经省河长制办公室主任审定后，以省河长制办公室的名义下发督察通知。

（三）现场督察。督察人员深入现场进行督察协调，查找存在问题，提出整改落实要求。

（四）结果反馈。督察结束后，督察人员应及时撰写督察报告将有关情况反馈省河长制办公室。省级重要河湖专项督察情况应由省级河长联系单位汇总后报省河长制办公室备案。督察结果应及时反馈督察对象。重大事项督察情况报告，应及时呈送省总河长、省副总河长、省级河长阅示。

第八条 对于督察中不能有效落实的事项，采取督办方式督促落实。

第三章 督 办 制 度

第九条 督办按照实施主体不同，分为省级河长联系单位督办，省河长制办公室督办和省总河长、省副总河长、省级河长督办。

第十条 省级河长联系单位督办

督办事项主要包括省级河长批办事项；省河长制办公室成员单位、下级总河长、副总河长、河长、河长制办公室不能有效落实的事项等。

督办对象为下级总河长、副总河长、河长、河长制办公室。

有水利部流域管理机构配合工作的省级河长联系单位，配合单位需督办的事项由配合单位提出，省级河长联系单位统一负责督办。

第十一条 省河长制办公室督办

督办事项主要包括省总河长、省副总河长、省级河长批办事项；省河长制办公室成员单位、下级总河长、副总河长、河长、河长制办公室不能有效落实的事项等。

督办对象为下级总河长、副总河长、河长、河长制办公室。

第十二条 省总河长、省副总河长、省级河长督办

督办事项主要包括省级河长联系单位、省河长制办公室不能有效督办的重大事项。

督办对象为省河长制办公室成员单位，省其他有关部门，下级总河长、副总河长、河长。

第十三条 督办主要采用"督办函"的形式交办任务。省级河长联系单位"督办函"由省级河长联系单位主要负责人签发；省河长制办公室"督办函"由省河长制办公室主任签发；省总河长、省副总河长、省级河长"督办函"按程序分别报请省总河长、省副总河长、相应河湖的省级河长签发。"督办函"应明确督办任务、承办单位、协办单位和办理期限等。

第十四条 承办单位接到"督办函"后，应按照督办要求按时完成督办任务。对涉及多个单位、内容复杂、职责交叉的事项，应明确主办单位和协办单位，由主办单位负责组织协调，协办单位积极主动配合。办理过程中出现重大意见分歧的，由主办单位负责协调；意见分歧较大难以协调的，主办单位应当根据督办主体，分别报请省河长制办公室或省级河长联系单位进行协调。

第十五条 督办任务完成后，承办单位或主办单位应当及时将办理情况向省河长制办公室或省级河长联系单位及有关成员单位进行书面反馈。在规定时间内未能完成督办任务的，承办单位或主办单位要做出书面说明。

第十六条 督办任务完成后，省河长制办公室或省级河长联系单位应当及时收集、整

理督办事项有关资料，做好立卷归档工作。

第四章　附　　则

第十七条　督察督办工作落实情况作为河长制工作考核的重要依据。

第十八条　对特别重要事项或久拖未决的问题，必要时提请省委督察室或省政府督察室联合有关部门进行督察督办，并提出责任追究和处理建议。

附录 10　广东省全面推行河长制工作督察制度（试行）

第一条　为加强对全面推行河长制实施情况督察，推动河长制工作落实，根据《中共广东省委办公厅、广东省人民政府办公厅关于印发〈广东省全面推行河长制工作方案〉的通知》（粤委办〔2017〕42 号），结合工作实际，制定本督察制度。

第二条　本制度适用于省对地级以上市（简称地市）河长制实施情况和河长履职情况进行督察。

第三条　督察工作坚持问题导向、全面深入、实事求是、强化整改的原则。

第四条　督察工作由省级总河长负总责、省级河长分片负责，在省全面推行河长制工作领导小组（简称省领导小组）的领导下，省河长制办公室（简称省河长办）负责督察工作的组织与协调，以流域片区为单元，牵头组建由省领导小组有关成员单位负责同志担任组长的督察组，分片对各地市全面推行河长制工作进行督察（督察分工方案附后，略）。必要时可商请省委、省政府督察室有关人员或邀请人大代表、政协委员参加督察。

第五条　督察内容主要包括：

（一）中央和省决策部署传达贯彻情况。中央和省全面推行河长制决策部署的传达学习、工作部署、宣传动员等情况。

（二）河湖管理保护法律法规实施情况。中央、省及地方河湖管理保护和河长制有关法律、法规实施情况。

（三）工作方案制定情况。全面推行河长制工作方案制定情况，工作目标设定和主要任务细化、实化情况，以及是否符合中央和省总体要求和地方实际。

（四）组织体系建设情况。河湖名录划定情况，河长体系建立情况，部门分工与责任落实情况，河长制办公室设置及工作人员落实情况，河湖管理保护、执法监督主体、人员、设备和经费落实情况，河湖治理、养护、保洁等市场体系培育情况。

（五）河长履职情况。总河长、河长分别对辖区内河长制工作和相应河湖管理保护工作的组织领导、决策部署、考核监督，以及协调解决重大问题等情况。

（六）河长制任务实施情况。水资源保护、水安全保障、水污染防治、水环境治理、水生态修复、水域岸线管理保护、执法监管等主要任务实施情况，"一河一策""一湖一策"推行情况。

（七）工作机制建设及运行情况。部门联动和流域统筹机制、河湖管理保护长效机制、考核问责和激励机制、"互联网＋河长制"信息化保障机制等机制的建立及运行情况，河长会议制度、信息共享制度、工作督察制度、工作验收制度等制度的建立和执行情况。

（八）特定事项或任务实施情况。省领导小组会议、省级河长会议决策部署和议定事项的落实情况，省级总河长、副总河长和省级河长批办事项落实情况，上级部门检查、以往督察发现问题和媒体曝光、公众反映强烈问题的整改落实情况。

督察重点根据年度目标任务进行适当调整。其中，2017 年围绕全面建立河长制的工作目标，重点督察各地工作方案、组织体系和责任落实、制度和政策措施、监督检查和考核评估等"四个到位"落实情况；从 2018 年起，围绕实现河畅、水清、堤固、岸绿、景美的总目标，重点督察河长履职情况和河长制主要任务落实情况。

第六条　根据工作需要，督察工作分为定期督察、专项督察和日常督察。

定期督察是对河长制工作的全面性督察，督察事项涵盖全部督察内容，每半年开展一次，年中和年底各一次。

专项督察是对河长制工作的专门性督察，主要针对特定事项或任务落实情况，适时开展督察。

日常督察是对河长制工作的日常性督察，主要针对巡查监测、媒体曝光和公众投诉等暴露的一般性河湖管理保护问题，适时开展督察。

第七条　督察程序主要包括：

（一）督察准备。省河长办制定督察方案，组建督察组，明确督察时间、督察对象、督察内容，梳理查阅资料清单、问题线索等。

（二）督察实施。省河长办向被督察地市发送督察通知书，督察组通过听取情况汇报、审阅文件资料、实地查看核查、与有关河长及政府部门开展个别谈话、听取公众意见等形式开展督察。

（三）督察报告。督察结束后 10 个工作日内，督察组向省河长办提交督察报告，由省河长办汇总审核后报省级河长，其中每年底的督察报告经省级河长审定后，由省河长办汇总形成全省总督察报告，报省级总河长会议审定。

（四）督察反馈。省河长办结合督察报告，将督察中发现的问题及相关意见和建议，按一市一单方式反馈给被督察地市党委和政府、市级河长及市河长办。

（五）督察整改。被督察地市河长办按照督察整改要求，制定整改方案，并在规定期限内报送整改情况。对逾期未完成整改的，视情况开展"回头看"，组织重点专项督察。

日常督察可根据工作需要，进一步简化程序，尽可能采取电话督察、书面督察或会议督察等便捷方式。

第八条　督察组应坚持民主集中制原则，充分吸纳各方面意见建议；严格遵守回避、保密规定和八项规定等制度；发现的重要情况和重大问题，不得擅自表态和处置，要及时向省河长办报告。

第九条　每年底，省河长办在全省范围内对督察、整改情况进行通报。督察结果及整改情况作为河长制考核的重要依据。

对工作成效突出的，通报表扬，交流推广经验；对工作落实不力、未在规定期限完成整改的，通报批评，责令整改；对连续两次未在规定期限完成整改的，由省级河长对地市河长实行警示约谈；对在工作落实中不作为、弄虚作假、失职渎职的，及时向纪检监察机关通报；对督察工作中发现的违法犯罪问题线索，及时移交司法机关处理。

第十条　本制度由省河长办负责解释，自印发之日起施行。各地市、县（市、区）可参照本制度，制定符合本地实际的河长制工作督察制度。

附录 11　广东省全面推行河长制河长巡查制度（试行）

第一章　总　则

第一条　为有效落实河长巡查河湖责任，明确河长巡查河湖的工作要求，根据《中共广东省委办公厅、广东省人民政府办公厅印发〈广东省全面推行河长制工作方案〉的通知》（粤委办〔2017〕42 号）、《水利部办公厅关于加强全面推行河长制工作制度建设的通知》（办建管函〔2017〕544 号）等要求，制定本制度。

第二条　本制度适用于省级总河长及省级河长的河湖巡查工作。

第三条　河长是河湖巡查工作的第一责任人，对巡查过程中发现或投诉举报问题的处理负总责。

第四条　河长巡查河湖由河长提出，明确巡查时间、巡查河段、巡查重点等。河长助理制定巡查工作方案，明确巡查参与部门和相关工作职责等内容，报河长同意后执行；巡查相关组织工作由河长助理负责。

第五条　河长巡查河湖可以现场巡查，也可以远程视频巡查，或两者结合进行。

第二章　巡查频次和内容

第六条　省级总河长巡查频次一般一年一次，省级河长对责任河湖的巡查频次一般半年一次。省级总河长、省级河长可视情况增加巡查次数。

第七条　河长巡查责任河湖重点关注以下内容：

（一）河湖水面、岸边保洁情况。

（二）河湖跨界断面的水量水质监测情况。

（三）河湖水环境综合整治和生态修复情况。

（四）河湖防洪减灾等工程建设和维护情况。

（五）市县河长制实施情况。

（六）此前巡查发现、投诉举报或下级河长上报的重点难点问题解决情况。

（七）其他影响河湖健康的问题。

第三章　巡查结果与问题处理

第八条　河长巡查期间应组织召开巡查会议，听取下级河长及相关责任单位汇报，了解河湖现状、存在主要问题，研究解决措施，明确整改责任单位、整改目标、整改期限等，部署下阶段重点工作内容和具体措施。巡查会议应形成会议纪要，作为河长巡查河湖、履行河长职责的依据。

第九条　对巡查中发现的问题，河长应及时交由责任单位进行处理。相关责任单位接到河长交办的有关问题，应当制定整改方案，落实整改措施，按照整改期限要求进行处理并书面答复河长，抄送省河长制办公室。河长助理要对相关责任单位处理情况进行跟踪、监督和记录，确保解决到位。

第十条　河长助理应在河长巡查期间通过微信公众号、新闻媒体等方式将投诉举报电话向公众进行公布，落实专人接听受理，畅通投诉举报通道，对各类投诉举报问题要做好记录工作并及时核实。对于举报反映属实的问题，河长应参照巡查中发现问题的处理方式及时予以解决。

第四章　监　督　整　改

第十一条　河长配合单位负责对巡查发现问题的整改情况和重点项目的推进情况进行定期跟踪督察，督察情况以通报形式予以反馈。问题的监督和整改情况，将纳入河长工作考核的重要内容。

第五章　附　　则

第十二条　本制度由省河长制办公室负责解释，自印发之日起施行。各地级以上市可参照本制度，结合地方实际，加密巡查河湖频次，细化巡查内容，制定市级河长巡查制度。

附录12　四川省河长制工作省级考核问责及激励办法（试行）

第一章　总　　则

第一条　为全面落实河长制工作，切实加强河湖管理保护，根据《四川省全面落实河长制工作方案》，制定本办法。

第二条　本办法适用于对市级总河长、市级河长和省级河长制工作相关责任部门的考核。

第三条　本办法所述市级总河长是指各市（州）第一总河长、总河长；市级河长是指全省10大主要河流干流设置的市级河长以及纳入省级考核的其他市级河长；省级河长制工作相关责任部门是指《四川省全面落实河长制工作方案》中主要任务及责任分工所涉及的职能部门。

第四条　河长制工作的考核问责及激励，坚持科学统筹、目标导向、客观公正、体现差异的原则。

第二章　考　核　主　体

第五条　省总河长负责组织对市级总河长的考核，具体工作由省总河长办公室承担。

第六条　省级河长负责组织对市级河长的考核，具体工作由省级河长联络员单位会同省河长制办公室承担。

第七条　省级河长制工作相关责任部门的考核纳入省委、省政府现行考核体系增加相应目标和分值。

第三章　考　核　内　容

第八条　市级总河长考核内容主要包括组织领导、制度建设、机制运行、工作部署、监督管理、措施保障、工作成效、信息报送、新闻宣传、能力建设等河长制工作落实情况和区域内市级河长年度目标任务完成情况。

第九条　市级河长考核内容主要包括水资源保护、河湖水域岸线管理保护、水污染防治、水环境治理、水生态修复和执法监督等主要年度目标任务完成情况。

第十条　省级河长制工作相关责任部门考核内容主要包括河长制工作任务完成情况、省级河长联络员单位履职情况及省级总河长、省级河长交办任务的完成情况等。

第四章　考　核　方　案

第十一条　根据推进河长制工作总体要求和一河一策管理保护方案对市级总河长及市级河长实行差异化绩效评价考核。

第十二条　纳入省级考核的其他市级河长名单由省级河长确定考核数量不低于该市（州）市级河长总数的 10%。

第十三条　考核评定采用评分法，满分为 100 分，考核结果分为优秀、良好、合格、不合格四个等次。考核得分在 95 分以上的为优秀，80 分以上至 95 分为良好，60 分及以上至 80 分为合格，60 分以下为不合格。

第十四条　每年 6 月底前，省河长制办公室根据本办法及年度工作要点、目标清单和任务清单拟制本年度考核实施方案，经省全面落实河长制工作领导小组审定后下达。

第五章　考　核　程　序

第十五条　考核程序分为自查、评估、审核、审定。

第十六条　每年 3 月底前，各市（州）将市级总河长上年度河长制工作考核自查报告报送省总河长办公室，将市级河长上年度河长制工作考核自查报告报送省级河长及联络员单位抄送省总河长办公室。

第十七条　每年 3 月底前评估机构将年度河长制工作评估结果报省总河长办公室。

第十八条　省总河长办公室负责市级总河长年度河长制工作的审核，省级河长组织联络员单位和省河长制办公室负责市级河长年度河长制工作的审核，审核工作采取听取汇报、查阅资料、实地检查等方式进行。审核结果于每年 5 月底前送省总河长办公室。

第十九条　本办法考核范围以外的市级河长年度考核由市级总河长负责，考核结果于每年 4 月底前送省总河长办公室备案。

第二十条　每年 6 月底前，省总河长办公室将市级总河长、市级河长上年度河长制工作的审核结果报省全面落实河长制工作领导小组审定。

第六章　考　核　结　果　运　用

第二十一条　考核结果由省委办公厅、省政府办公厅向全省通报，并送干部组织（人事）、纪检监察和目标绩效管理部门，作为党政领导班子、有关成员综合考核评价及领导干部自然资源资产离任审计和生态环境损害责任追究的重要内容。对年度考核等次为优秀的予以通报表扬，考核结果作为相关资金分配的重要因素。

第二十二条 年度考核等次不合格的市级总河长和市级河长不得参加各类年度评优、授予荣誉称号等。

第二十三条 年度考核等次为不合格或履行职责不力、发生重大工作失误的市级总河长、市级河长由省总河长和省级河长分别约谈，被约谈的市级总河长、市级河长应分别向省总河长和省级河长做出书面报告、限期整改，逾期整改不到位的，根据有关规定问责。

第二十四条 对在考核工作中瞒报、谎报及不认真履行考核职责的，予以通报批评，造成不良影响和后果的，对有关责任人员依纪依法追究责任。

第七章 附 则

第二十五条 各市（州）参照本办法，结合实际制定本地区河长制工作考核问责和激励办法。

第二十六条 本办法由省总河长办公室负责解释，自发布之日起施行。

参 考 文 献

[1] 江苏省水利厅工程管理处,河海大学.江苏省水利发展"十三五"河湖与水利工程管理专题规划 [Z]. 2015.

[2] 江苏省水利厅,河海大学.水利工程管理现代化评价指标体系研究 [Z]. 2009.

[3] 方国华,高玉琴,谈为雄,等.水利工程管理现代化评价指标体系的构建 [J].水利水电科技进展, 2013, 33 (3): 39 - 44.

[4] 方国华,闻昕.河湖管理及中小型水库管理 [M].南京:河海大学出版社, 2012.

[5] 林泽昕.河道管理综合评价研究 [D].南京:河海大学, 2017.

[6] 李美存,曹新富,毛春梅.河长制长效治污路径研究——以江苏省为例 [J].人民长江, 2017, 48 (19): 21 - 24.

[7] 本刊编辑部.我国将开展河长制专项整治行动 [J].河海大学学报(自然科学版), 2017, 45 (3): 234.

[8] 左其亭,韩春华,韩春辉,等.河长制理论基础及支撑体系研究 [J].人民黄河, 2017, 39 (6): 1 - 6, 15.

[9] 戚建刚.河长制四题——以行政法教义学为视角 [J].中国地质大学学报(社会科学版), 2017, 17 (6): 67 - 81.

[10] 王东,赵越,姚瑞华.论河长制与流域水污染防治规划的互动关系 [J].环境保护, 2017, 45 (9): 17 - 19.

[11] 郝亚光."河长制"设立背景下地方主官水治理的责任定位 [J].河南师范大学学报(哲学社会科学版), 2017, 44 (5): 13 - 18.

[12] 周建国,熊烨."河长制":持续创新何以可能——基于政策文本和改革实践的双维度分析 [J].江苏社会科学, 2017 (4): 38 - 47.

[13] 郭建宏.中山市河湖管护实施河长制的思考与建议 [J].人民长江, 2017, 48 (14): 5 - 8.

[14] 长江.一江清流得长治——长江委扎实推行河长制工作 [J].人民长江, 2017, 48 (9): 11.

[15] 刘芳雄,何婷英,周玉珠.治理现代化语境下"河长制"法治化问题探析 [J].浙江学刊, 2016 (6): 120 - 123.

[16] 丁爱中,赵银军.以新模式管理河流,深化落实"河长制" [J].环境教育, 2017 (5): 31 - 32.

[17] 李晓川.河长制助力内河船舶防污攻坚战 [J].中国船检, 2017 (3): 54 - 57, 116.

[18] 贾绍凤.决战水治理:从"水十条"到"河长制" [J].中国经济报告, 2017 (1): 36 - 38.

[19] 吴悠.我国河长制考核体系构建初探 [J].河北企业, 2017 (8): 11 - 13.

[20] 张恒."河长制"中的公众参与问题探析 [J].智能城市, 2017, 3 (5): 120 - 121.

[21] 刘晓涛.上海推行河长制工作的实践与探索 [J].中国水利, 2017 (8): 3 - 4, 42.

[22] 丁瑶瑶.河长制十年:从地方试水到国家行动 [J].环境经济, 2017 (12): 10 - 13, 3.

[23] 高杨."河长制"推进水生态文明建设的探索与实践 [J].建材与装饰, 2017 (26): 281 - 282.

[24] 李鹏.浅析河长制对水行政执法的意义 [J].中国水利, 2017 (8): 5 - 6.

[25] 王东峰.全面推行河长制管理 加快建设美丽天津 [J].中国水利, 2017 (4): 2 - 4.

[26] 张长芝,陆平,闫继栋.河长制在河道管理中的应用 [J].山东水利, 2017 (7): 47 - 48.

[27] 谢永明.河长制:河湖管理的创新模式 [J].绿叶, 2017 (3): 50 - 57.

[28] 董建良,袁晓峰.江西河湖保护管理实施"河长制"的探讨 [J].中国水利, 2016 (14): 20 - 22.

[29] 刘劲松，戴小琳，吴苏舒．基于河长制网格化管理的湖泊管护模式研究［J］．水利发展研究，2017，17（5）：9－11．

[30] 朱玫．中央环保督察背景下河长制落实的难点与建议［J］．环境保护，2017，45（9）：20－23．

[31] 李成艾，孟祥霞．水环境治理模式创新向长效机制演化的路径研究——基于"河长制"的思考［J］．城市环境与城市生态，2015（6）：34－38．

[32] 甘筱青，徐自奋．"河长制"的由来、理论基础、探索与实践［J］．时代主人，2017（5）：28－30．

[33] 孔凡斌，许正松，陈胜东，等．河长制在流域生态治理中的实践探索与经验总结［J］．鄱阳湖学刊，2017（3）：37－45．

[34] 姜斌．对河长制管理制度问题的思考［J］．中国水利，2016（21）：6－7．

[35] 肖俊霞，豆鹏鹏，彭惠玲，等．"河长制"全面推行的实践与探索——以广东省肇庆市为例［J］．中国资源综合利用，2017（11）：106－108，111．

[36] 朱玫．论河长制的发展实践与推进［J］．环境保护，2017，（1）：58－61．

[37] 中国21世纪议程管理中心．国际水资源管理经验及借鉴［M］．北京：社会科学文献出版社，2011．

[38] 胡文俊，黄河清．国际河流开发与管理区域合作模式的影响因素分析［J］．资源科学，2011，33（11）：2099－2106．

[39] 宗世荣，赵润．国际流域管理模式分析以及对我国流域管理的启示［J］．环境科学导刊，2016，35（增）：30－33．

[40] 可持续流域管理政策框架研究课题组．英国的流域涉水管理体制政策及其对我国的启示［J］．水利发展研究，2011，11（5）：77－81．

[41] 丁桂彬，毛春梅，吴蕴臻．国内关于国际河流管理研究进展初探［J］．中国农村水利水电，2009（8）：55－58．

[42] 杨朝晖，褚俊英，陈宁，等．国外典型流域水资源综合管理的经验与启示［J］．水资源保护，2016（3）：33－37．

[43] 苏州市委办公室，市政府办公室．苏州市河（湖）水质断面控制目标责任制及考核办法（试行）［Z］．2007－12．

[44] 陈雷．落实绿色发展理念，全面推行河长制河湖管理模式［N］．人民日报，2016－12－12．

[45] 陈雷．坚持生态优先绿色发展 以河长制促进河长治——写在二〇一七年世界水日和中国水周之际［N］．人民日报，2017－03－22．

[46] 陈雷．全面落实河长制各项任务 努力开创河湖管理保护工作新局面——在贯彻落实《关于全面推行河长制的意见》视频会议上的讲话［J］．中国水利，2016（2）：8－11．

[47] 林必恒．构建科学的河长制考核机制［J］．河北水利，2017（10）：32－32．

[48] 刘聚涛，万怡国，许小华．江西省河长制实施现状及其建议［J］．中国水利，2016（18）：51－53．

[49] 刘长兴．广东省河长制的实践经验与法制思考［J］．环境保护，2017，45（9）：34－37．

[50] 郭宝丽．水利部、环保部解读"河长制"：纳入干部考核评价依据［J］．内蒙古水利，2017（1）：2．

[51] 李培杰，王岩．加强河道管理 维护水生态平衡——关于无锡市施行"河长制"工作的启示［J］．水政水资源，2014（6）：34－35．

[52] 任文岱．全面推行河长制责任的细化和考核是关键［N］．民主与法制时报，2016－12－25．

[53] 刘敬奇．细说北京"河长制"［J］．环境教育，2017（5）：29－30．

[54] 吴悠．环境保护"一票否决"在河长制中的运用［J］．中国乡镇企业会计，2017（7）：33－35．

[55] 景秀眉，郭雪莽．对浙江省"河长制"管理的思考［J］．统计与管理，2017（11）：120－121．

[56] 浙江省质量技术监督局．DB33/T 614—2006 河道建设标准［S］．2006．

[57] 浙江省建设厅．DB33/1038—2007 河道生态建设技术规范［S］．2007．

[58] 重庆市水利局．DBSL1—2012 河道管理范围划界技术标准［S］．2012．